Urs Niggli
Alle satt?

LEBEN AUF SICHT

URS NIGGLI

ALLE SATT?

ERNÄHRUNG SICHERN FÜR 10 MILLIARDEN MENSCHEN

RESIDENZ VERLAG

LEBEN AUF SICHT ▶ die aktuelle Buchreihe für neue, nachhaltige Wege

Die großen Herausforderungen – Klimawandel, Migrationsbewegungen, eine wachsende Weltbevölkerung bei endlichen Ressourcen – sind allen bekannt. Doch wie wir ihnen begegnen können, wollen und sollen, das bleibt umstritten. Die Reihe »Leben auf Sicht« ist der Missing Link zwischen Fachwelt und wachem Geist. Engagierte Vordenkerinnen und Geistesakrobaten, aber auch Aktivistinnen und Anpacker stellen Fragen, präsentieren mögliche Antworten und liefern Ansätze für ein besseres Leben. Federführend für die Reihe ist Thomas Weber, der als Herausgeber von »Biorama« als Spezialist für neue, nachhaltige Wege gilt.

fb.com/LebenaufSicht

MIX
Papier aus verantwortungsvollen Quellen
FSC
www.fsc.org   FSC® C014496

Bibliografische Information der Deutschen Nationalbibliothek
Die Deutsche Nationalbibliothek verzeichnet diese Publikation in der Deutschen Nationalbibliografie; detaillierte bibliografische Daten sind im Internet über http://dnb.dnb.de abrufbar.

2. Auflage 2021

www.residenzverlag.at

© 2021 Residenz Verlag GmbH
Salzburg – Wien

Umschlaggestaltung: Sig Ganhoer, NTRP Design
Grafische Gestaltung / Satz: Sig Ganhoer, NTRP Design
Schrift: Sailec, Capito
Lektorat: Manuel Fronhofer
Gesamtherstellung: GGP Media GmbH, Pößneck

ISBN: 978 3 7017 3419 1

Inhalt

Vorwort
von Werner Lampert

Während wir alle, die wir in der biologischen Landwirtschaft engagiert waren, an einem überzeugenden Narrativ für diese arbeiteten, ging Urs Niggli einen ganz anderen Weg: Er und das von ihm geführte Forschungsinstitut für Biologischen Landbau FiBL setzten sich wissenschaftlich mit den Methoden und den Grundlagen des biologischen Landbaus auseinander.

Selbstverständlich war und ist es wichtig, den Konsumentinnen und Konsumenten sowie den interessierten Bäuerinnen und Bauern bewusst zu machen, dass im biologischen Landbau keine Pestizide und keine Kunstdünger eingesetzt werden. Biologischer Landbau heißt, sich mit den Bodenqualitäten und der Fruchtfolge auseinanderzusetzen. Es geht hier um eine andere Methode, um eine andere Form der Landwirtschaft.

Urs Niggli aber war nicht sehr empfänglich für romantische Geschichten. Er wollte genau wissen, wie sich das bäuerliche Tun auf die Qualität der Lebensmittel und auf die Umwelt auswirkte. So entwickelte er die Wissenschaft zur biologischen Landwirtschaft. Im FiBL führte er, um nur ein Beispiel zu nennen, Langzeitfeldversuche durch, in denen er sich – gemeinsam mit seinem Team – mit der organisch-biologischen Methode im Verhältnis zur biologisch-dynamischen und zur konventionellen Landwirtschaft beschäftigte. Urs Nigglis Arbeit war dabei nie eine Orchideendisziplin. All seine Erfahrungen, sein Wissen teilte er mit den Biobäuerinnen und Biobauern, für die er auch eine Bauernberatung über das von ihm geführte Institut ins Leben rief. Für sein Engagement, seinen Willen, den biologischen Landbau wissenschaftlich abzusichern, bewundere ich ihn und ich war stets offen für seine Geistesblitze. In schwierigen Entscheidungsprozessen halfen mir seine Arbeit und seine Erkenntnisse, die biologische Landwirtschaft weiterzuentwickeln.

Neben meiner Bewunderung für Urs empfinde ich auch große Dankbarkeit. Unendlich viele Ideen, jede Menge Inspiration erhielt ich von ihm und seinem Institut. Auch unseren Weg, den biologischen Landbau radikal mit der Nachhaltigkeit zu verschränken, und zu berechnen, zu belegen, wie er sich vom konventionellen Landbau unterscheidet, habe ich ihm zu verdanken. Zum ersten Mal benötigen wir kein Narrativ mehr in der biologischen Landwirtschaft. Mit Urs Nigglis Methode können wir ihre Vorzüge wissenschaftlich untermauern, beweisen, wo der Unterschied zur konventionellen Landwirtschaft liegt. Für mich war dieser Schritt der wichtigste in meinem langen Engagement für die biologische Landwirtschaft.

Wir wollen Lebensmittel von höchster Qualität, mit ernährungsphysiologisch wertvollen Inhaltsstoffen, mit exzellentem Geschmack und hoher Authentizität. Dieses Ziel ist wohl am besten mit biologisch wirtschaftenden Bäuerinnen und Bauern zu erreichen. Denn ein biologisch sehr aktiver, lebendiger Boden, eine hohe Artenvielfalt auf und in den Feldern, am Hof und in der Landschaft fördern ganz direkt die Qualität der Lebensmittel. Und nicht zuletzt gehört ein respektvoller Umgang mit den Tieren, die wir nutzen, dazu. Das verstehen wir dank europäischer Forschungsprojekte, an deren Entwicklung Urs Niggli stark beteiligt war. Milch von Weidekühen enthält größere Mengen mehrfach ungesättigter Fettsäuren, mehr Antioxidantien und Vitamine als solche von Kühen, die im Stall mit Sojaschrot gefüttert werden. Zudem weisen Weidekühe eine bessere Eutergesundheit auf und sind auf Dauer wirtschaftlicher. Das FiBL hat diesen umfassenden Blick auf den Biolandbau geschärft und zusammen mit den Bäuerinnen und Bauern den Biolandbau zu einer modernen Produktionsweise weiterentwickelt. Urs Nigglis Engagement in vielen europäischen Ländern und darüber hinaus hat viele Menschen inspiriert. Mit zunehmender Dringlichkeit hat er aber auch den Biolandbau in den Kontext der globalen Ernährungssicherheit gestellt. Wir alle, die mit biologischen Lebensmitteln zu tun haben, werden regelmäßig mit der Frage konfrontiert, ob der Biolandbau denn die Welt ernähren könne. Dieser Frage ist Urs nicht ausgewichen und sie ist deshalb zum Thema dieses Buches geworden. Er begnügte sich dabei nie mit platten Antworten und war gefeit vor vermeintlichen Patentrezepten. Denn diese Herkulesaufgabe des 21. Jahrhunderts wird wohl nur durch große Kreativität und vielfältigste Lösungen zu bewältigen sein, was in diesem Buch sehr gut und verständlich dargestellt ist. Die Überraschung war aber trotzdem eine ganz einfache Lösung, die der Autor von Mahatma Gandhi ableitet: „Die Welt hat genug für jedermanns Bedürfnisse, aber nicht für jedermanns Gier."

Dieses Buch blickt tief in die Entwicklung der Landwirtschaft und Ernährung. Denn um die heutige Situation zu verstehen, braucht es eine schonungslose Analyse. Urs Niggli verknüpft dabei Ereignisse und Fakten, die ein sehr differenziertes Bild ergeben, aber trotzdem von einer hohen Klarheit geprägt sind. Diese kenntnisreiche Denkweise ist wohl auch die Basis dafür, dass Urs von vielen Menschen als Brückenbauer und nicht als Provokateur gesehen wird. Und trotzdem haben seine Lösungsansätze, die in jedem Kapitel auftauchen, eine hohe gesellschaftliche Brisanz. Er fordert im letzten Kapitel zum Handeln auf und inspiriert damit in einer Zeit, in der Menschen und Institutionen sich auch radikalen Wegen öffnen, die gesellschaftliche Debatte darüber, wohin wir mit der Landwirtschaft und der Ernährung gehen können und wollen. Urs Niggli verknüpft vieles mit seinem eigenen Leben und schöpft seine Expertise aus zahlreichen Begegnungen mit engagierten Menschen. Das macht das Buch hoffnungsvoll und motiviert dazu, die großen Herausforderungen geradlinig und mit klarem Kopf anzugehen.

Werner Lampert, Salzburg

Landlust

─────────────────────────── oder

Wie ich zum Biolandbau kam

Kapitel 1

Für uns Kinder glich es dem Schlaraffenland, wenn Ende August die Renekloden auf dem riesigen Baum im Obstgarten des Bauernhauses, das sich über viele Generationen im Familienbesitz befand, reif waren. Tausende der gelben, süßen, großfruchtigen Pflaumen wurden geerntet, frisch vom Baum gegessen oder abgeschüttelt und zu Konfitüre verarbeitet. Auch nach 55 Jahren ist die Erinnerung daran so präzise, dass ich mir ziemlich sicher bin, von Fruchtfleisch, Form und Geschmack sowie der Wuchsform des längst gefällten Baumes auf die Sorte *Reineclaude d'Oullins* schließen zu können.

12

Das mächtige Haus stand quer zu einer Dorfstraße im Solothurner Teil des Schweizer Mittellandes, die direkt auf das Gebäude zuführte und sich nach links und nach rechts teilte. Ich erinnere mich gut an Urgroßvater Andreas, der schweigsam oben am Küchentisch saß. Alle seine Söhne und Töchter erhielten Ende des 19. Jahrhunderts ein Stück Boden, auf dem sie bauten und eine Familie gründeten. Mein Großvater sollte den stark geschrumpften Betrieb bewirtschaften. Der großväterliche Obstgarten war voll von Köstlichkeiten. Unter den als Erste reifen Apfelsorten gab es eine *Berner Rose*, wunderbar rot und saftig, wenn man die Früchte direkt vom Baum anbiss. Mittlerweile ist diese Sorte in der Schweiz dank der Organisation Pro Specie Rara wieder im Einzelhandel zu finden. Aber man tut sich damit – abgesehen vom guten Gewissen, dass man historische Genetik ehrt – nichts Gutes. Denn schon als Bub wusste ich, dass dieser Apfel nach dem Pflücken rasch trocken und mehlig wird. Wir aßen als Kinder nur die schönsten Früchte direkt vom Baum, schorffleckige und vom Mehltau verkrüppelte lagen im Gras und wurden zu Süßmost gepresst. Die Sorte *Jacques Lebel* wiederum war langweilig – zu dick und fettig war ihre Schale und das Fruchtfleisch schmeckte fad. Sie war meist stark von der Obstmade befallen. Als gekochte Spalten oder Mus jedoch war der Apfel fantastisch.

Es gab damals in der bäuerlichen Küche fast zu jedem Gericht gekochte Äpfel. Wunderbar auch der *Sauergrauech*, ein Zufallssämling aus dem Kanton Bern, die *Goldparmäne*, die einen Ast nach dem anderen verlor, weil sie nicht mehr richtig geschnitten wurde, und schlussendlich der unscheinbare *Süßapfel*, den Großmutter und Mutter stets für „Apfel im Schlafrock" verwendeten, ein typisches

Essen am Freitag, wenn fleischlos angesagt war. Ein halber Apfel wurde dabei in einer Teigtasche gebacken, die nach unten gekehrte Rundung des Kerngehäuses gefüllt mit gemahlenen Walnüssen, Zucker und Zimt. Zum Ende des Monats hin gab es bereits am Donnerstag kein „richtiges" Fleisch mehr, weil das Haushaltsgeld knapp wurde. So gab es Schweinsleber oder Kutteln.

Diese arme Küche meiner Kindheit begeisterte mich erst als 17-Jährigen auf einer Studienreise zur Geschichte der Renaissance in Florenz als *Trippa alla fiorentina*. Heute ist sie erneut recht schick dank der Bewegung *Nose to Tail*, die den ganzen Schlachtkörper verwerten will. Die bäuerliche Küche meiner Kindheit aber war keines dieser Gastro-Events, die heute in Zeitschriften wie *Landliebe, Landlust,* und wie sie alle heißen mögen, zelebriert werden. Ganz im Gegenteil. Sie war wenig abwechslungsreich und auch nicht besonders gesund. In unserem Dorf starben viele Menschen an Kreislauferkrankungen: Diabetes und Übergewicht waren – trotz bescheidener Einkommen – verbreitet. Es waren die Baslerin Kathrin Rüegg und der Breisgauer Werner O. Feißt, die die alemannische Bauernküche über viele Jahre im Südwestfunk wieder berühmt machten – nach dem Motto: „Was die Großmutter noch wusste". Eine nostalgische Verklärung jener Armut, die einst auch im Badischen und in der Nordwestschweiz verbreitet war.

Das Streben nach dem Ursprünglichen, dem Ländlichen und Natürlichen beeinflusst die Erwartungen der Menschen in zunehmendem Maße und fließt auch in die Konzepte der Agrarpolitik und in die Marketingstrategien des Lebensmitteleinzelhandels ein. Ich besuchte zum Beispiel erstmals im noblen Georgetown in Washington, D. C., ein Restaurant mit eritreischer Küche. Das war nach einem Vortrag von Prinz Charles zum Thema Nachhaltige Landwirtschaft an der Georgetown University, wo die diplomatische und wirtschaftliche Elite der USA ausgebildet wird. In Bonn, nach den Vorstandssitzungen der IFOAM – Organics International, der Dachorganisation von Bioverbänden aus aller Welt, gab es ebenfalls gelegentlich Eritreisch. Und auch in Brüssel war ich ab und zu mit den Studierenden der Universität Kassel-Witzenhausen – als Abschluss unseres einwöchigen Abstechers in die europäische Agrar- und Forschungspolitik – bei einem archaisch-modisch aufgemachten Eritreer. Ursprünglich nährte der dickflüssige Eintopf mit Schaf- und Rindfleisch, der auf mehreren schwammartigen Fladenbroten aufgetürmt und dann mit den Fingern von außen nach innen gegessen wird, die hart arbeitenden Bauernfamilien. Meinen Geschmacksknospen hat er in keinem der Restaurants geschmeichelt – vielleicht fehlt mir einfach das Gen, das die Vergangenheit, das Landleben und die eigene Jugend verklärt. Für mich musste und muss die Zukunft nicht unbedingt oder zumindest nicht nur ein Revival der Vergangenheit sein.

Meine Großeltern waren nicht aus einer Leidenschaft heraus Kleinbauern. So schnell es ging, verpachteten sie ihr Land, und das letzte Schwein wurde bei einem großen Familienfest im Jahr 1957 geschlachtet. Die dampfenden Gedärme, die vom Störmetzger, der damals noch von Hof zu Hof wanderte und Tiere schlachtete, mit Schweineblut, Speck, Schwarte und Gewürzen gefüllt wurden, haben uns Kindern damals den Appetit auf die riesigen Blutwürste nicht verdorben. Das Schlachten gehörte zum bäuerlichen Alltag. Einem Polizeiprotokoll, das ich als neugieriger Jugendlicher gut versteckt auf dem Heuboden fand, entnahm ich, dass der Großvater im Jahr 1943 angeklagt war, heimlich ein Schwein geschlachtet zu haben, was während der Lebensmittelrationierungen im Zweiten Weltkrieg streng verboten war.

Erst als regionaler Versicherungsvertreter der Rentenanstalt legte mein Großvater dann den Grundstein zum gutbürgerlichen Wohlstand der Familie. „Es isch ned schön gseh", seufzte meine Großmutter oft, die in den Kriegsjahren mit einer alten Tante und einem dienstuntauglichen Säufer mit Pferd und Wagen die Heuernte einfahren musste. War die Fuhre schlecht geladen und der Baum, der ihrer Befestigung diente, nicht genau in der Mitte mit Seilen nach unten gebunden, kippte das grobe Heu aufs Feld oder auf die Straße. Oft ging es um eine halbe Stunde, ob man es noch trocken oder bereits vom Augustgewitter durchnässt einfahren konnte. Entlud sich das Gewitter zu früh, war das Milchgeld bis zum nächsten Frühjahr knapp.

Viele Jahre später, beeinflusst durch viele solche Geschichten aus dem dörflichen Leben, startete ich im Jahr 1974 an der ETH Zürich eine landwirtschaftliche Karriere. Geprägt von bäuerlicher

Tradition, die Wunderbares hervorgebracht hat, und gleichzeitig von einer starken Unruhe getrieben, die auf Veränderung pochte. Dem Bewahren stand stets das Einreißen gegenüber.

Mein nüchterner Blick provozierte einmal einen von mir geschätzten Pionier der Vermarktung alter Tierrassen, mich einen unverbesserlichen Positivisten zu nennen. Seine Kritik traf tatsächlich einen inneren Konflikt, der mich während meiner 30 Jahre als Chef des Forschungsinstituts für biologischen Landbau FiBL begleitete: Auf der einen Seite das Objektivitätsideal der Naturwissenschaften, das auf Experimenten und empirischer Überprüfung von Hypothesen beruht. Wissen, das publiziert wird und an die Bäuerinnen und Bauern weitergegeben wird, sollte sich auf „positive", das heißt tatsächliche, sinnlich wahrnehmbare und überprüfbare Befunde beschränken. Auf der anderen Seite entstand der Biolandbau gerade auch aus einer Kritik an dieser Wissenschaftsauffassung. Das kommt besonders in der biologisch-dynamischen Landwirtschaft zum Ausdruck, wo sich Wissenschaft mit transzendentalen philosophischen Konzepten vermischt.

Ist man im Biolandbau tätig, muss man sich mit Wissenschaftskritik auseinandersetzen. Deshalb erlauben Sie mir, liebe Leserin und lieber Leser, bereits im ersten Kapitel einen kleinen Exkurs. Tatsächlich ignorieren vor allem die Naturwissenschaften gerne gesellschaftliche Phänomene und schätzen den Bezug zur Gesellschaft als rein spekulativ ein. Damit geht eine Negierung von Verantwortung dafür einher, was mit dem Wissen gemacht wird und welchem Verständnis von Eigentum es dient. Der Sankt Gallener Ökonom Hans Christoph Binswanger, der meine Generation stark geprägt hat, skizzierte zum Beispiel ein Eigentumsverständnis, das die soziale Verantwortung des Eigentümers hervorhob. Seine ökologische Steuerreform wurde leider noch nirgends umgesetzt, auch rot-grüne Regierungen wagten sich nicht an dieses heiße Eisen.

Der Vorwurf des naiv-positivistischen Denkens des erwähnten Pioniers beschäftigte mich natürlich sehr. Und er tut es auch in gegenwärtigen Diskussionen wieder, wo ich mich etwa für einen konstruktiven Dialog hinsichtlich sogenannter Zukunftstechnologien wie der Molekularbiologie, der Nanotechnologie oder der Digitalisierung einsetze. Denn erstens ist mir mit dem Hintergrund von 30 Jahren forschungstheoretischer und forschungsstrategischer Arbeit bewusst, dass eine objektive Forschung oft nur ein Bemühen und das Scheitern vorprogrammiert ist. Wichtig ist vielmehr, dass jede Wissenschaftlerin und jeder Wissenschaftler die Pflicht hat, die Interessen, die hinter einem Forschungsprojekt stehen, transparent zu machen. Und auch deutlich zu machen, an welchen ethischen und gesellschaftlichen Werthaltungen sich Auftraggeber und Forscherinnen orientieren. Und zweitens bin ich als Wissenschaftler schon fast eine Ewigkeit mit dem Bestreben konfrontiert, interdisziplinär zu forschen. Die Unbeholfenheit, mit der dieser Anspruch umgesetzt wird – durch Wissenschaftler, Universitäten, Geldgeberinnen und Förderstrukturen –, zeigt, wie stark die disziplinären Grenzen noch nachwirken. Der liechtensteinische Wissenschaftshistoriker Hans-Jörg Rheinberger, ehemaliger Direktor am Max-Planck-Institut für Wissenschaftsgeschichte in Berlin, schrieb am 3. August 2017 in der *Neuen Zürcher Zeitung (NZZ)*: „Die Forschungsgegenstände in diesen Bereichen *(gemeint ist die synthetische Biologie; Anm. des Autors)* – zugleich prospektive Anwendungsobjekte – sind in der Regel nicht mehr allein durch ihre natürlichen – seien sie physikalisch, chemisch oder biologisch – oder technischen Seiten bestimmt. Sie sind mehrfach hybride Gegenstände geworden, in denen sich Aspekte sowohl von Natur wie auch von Kultur untrennbar miteinander verbinden und sich auch nur verantwortlich handhaben lassen, wenn diese Verbindung nicht ausgeklammert wird." Ob wohl deshalb so viel Faszination von der biologisch-dynamischen Landwirtschaft ausgeht, weil sie gerade das zu tun versucht?

Den Vorwurf, die Forschung sei gekauft, den viele kritische Nichtregierungsorganisationen und Biobauern vortragen, siedle ich übrigens eher bei den Verschwörungstheorien an, obwohl die Abhängigkeit der universitären Lehrstühle von agrarindustriellen Unternehmen tatsächlich zugenommen hat. Wallace E. Huffman, Professor für Agrarökonomie an der Iowa State University, kritisierte bereits 1999 – zu Recht – den Rückgang bzw. die Stagnation des Anteils der öffentlichen Finanzierung an der Agrarforschung seit 1980. Vor allem im Vereinigten Königreich, in den USA, in den Niederlanden und in Frankreich – alles Titanen der weltweiten

Agrarforschung – ermunterten die Regierungen Universitäten und Forschungsanstalten, Drittmittel einzuwerben, um Geld zu sparen. In England verdreifachte sich der Anteil von Drittmitteln in der Agrarforschung von 1987 bis 1993 von 5,5 Prozent auf 15 Prozent – ein Ergebnis des Kahlschlags durch die Regierung von Margaret Thatcher. Auch in den USA stieg der Anteil von Drittmitteln in der Agrarforschung deutlich an – im Zeitraum zwischen 1960 und 1996 auf 15 Prozent. Diese Drittmittel stammen von der Agrarindustrie und von landwirtschaftlichen Verbänden, bei denen jeweils ein wirtschaftliches Interesse ausgemacht werden kann. Zu einem noch größeren Teil handelt es sich dabei aber um im Wettbewerb eingeworbene öffentliche Mittel, etwa von Umweltministerien oder aus transnationalen Quellen wie den europäischen Forschungsrahmenprogrammen.

Reichen diese immer noch bescheidenen Anteile privater Forschungsgelder schon aus, um die Agrarforschung unter einen Generalverdacht der Befangenheit zu stellen? Der Journalist Danny Hakim berichtete in der New York Times in einem Artikel vom 31. Dezember 2016 *(Scientists Loved and Loathed by an Agrochemical Giant)* vom Schicksal zweier amerikanischer Wissenschaftler und einer Schweizer Wissenschaftlerin, die im Zusammenhang mit Arbeiten zur Bienengefährdung durch Neonicotinoide (ökonomisch wichtige moderne Insektizide) und zu Nebenwirkungen von genmodifiziertem Bt-Mais (ihm wird ein Gen eines Bodenbakteriums eingesetzt, das einen speziellen natürlichen Wirkstoff produziert) auf Nützlinge mit den Interessen der Schweizer Firma Syngenta in Konflikt gerieten.

Sind solche Erfahrungen symptomatisch für den Zustand der Agrarforschung oder eher Einzelfälle, die potenzielle Gefahren aufzeigen, wenn die Agrarforschung zunehmend ihren Charakter als gesamtgesellschaftlich bedeutsame Unternehmung verliert und Wissen sowie Methoden privatisiert werden? Dies auszudiskutieren wird wohl ein wichtiges Zukunftsthema sein. Schon jetzt gibt es zahlreiche Bemühungen, die einer solchen Entwicklung in der Agrarforschung entgegensteuern. So hat etwa die Europäische Kommission mit dem im Jahr 2014 gestarteten Forschungsrahmenprogramm Horizon 2020 die Anforderungen an die Transparenz von Forschungsergebnissen massiv erhöht. Die Forscherinnen und Forscher sind verpflichtet, auch die Rohdaten ihrer Tätigkeiten in geeigneten Datenbanken vollständig öffentlich zugänglich zu machen. Damit sichert die EU das Prinzip des offenen elektronischen Zugangs (Open Access) zu wissenschaftlichen Erkenntnissen ab, was gleichzeitig eine bessere Kontinuität in der Forschung ermöglicht, da andere Forschungsgruppen mit diesen Rohdaten neue, weiterführende Forschungsprojekte entwickeln können.

Ich bin deshalb nicht kulturpessimistisch und möchte auch nicht in den Kanon der Katastrophen einstimmen. Wir leben ohne Zweifel, das zeigen unzählige Entwicklungen, in der besten aller Zeiten. So publizierte ein Team um Vasilis Kontis vom Imperial College London eine demografische Untersuchung in 37 Industriestaaten, der zufolge im Jahr 2030 eine Mehrheit der Bevölkerung das Alter von 90 Jahren erreichen wird. Als Bub murmelte ich mehrmals täglich „Gelobt sei Jesus Christus", wenn ich am massiven Steinkreuz im Dorf vorbeiging. Menschen über 70 waren damals grau, gebückt und hatten Gebrechen. Heute überholen einen Rentnerinnen und Rentner im Jogginganzug oder rasen auf dem E-Bike vorbei. Berufspessimisten hingegen erstarren vor Zukunftsangst angesichts von Allergien, degenerierten Lebensmitteln und Giften. Und neuerdings auch angesichts von Pandemien. Nein, es geht uns gut und wir sind fit, noch ausstehende Probleme zu lösen.

Dennoch bin ich betroffen und angetrieben von der schreienden Ungerechtigkeit, dass Menschen wegen ihrer Armut immer noch hungern oder so einseitig ernährt sind, dass es sie in ihrer körperlichen und geistigen Entwicklung benachteiligt. Und das trotz intensivster landwirtschaftlicher Produktion, die auf die Umwelt und den Verbrauch beschränkter Ressourcen wenig Rücksicht nimmt. Auch die Folgen billiger Lebensmittel für wohlhabende Gesellschaften und Gesellschaftsschichten sind bekannt: Lebensmittel werden dort zu Wegwerfartikeln und die Fettleibigkeit wird zu einem ernsthaften sozialen und medizinischen Problem.

Zum Glück bauen Tausende von Regierungs- und Nichtregierungsorganisationen in Ländern und Regionen mit niedrigen Einkommen funktionierende Alternativen auf. Dass es etwa in Afrika 500.000 zertifizierte Biobetriebe gibt, ist der Arbeit von NGOs und

Bioorganisationen zu verdanken. „Ohne das Engagement dieser Freunde und ohne Exportmöglichkeiten nach Europa gäbe es bei uns keinen einzigen Biobauern", sagte mir Mwatima Juma, die Präsidentin des Tanzania Organic Agriculture Movement (TOAM), nach einem gemeinsamen Vortrag im Jahr 2013 für die Heinrich-Böll-Stiftung in Berlin. In diesem Satz schwang einerseits die Botschaft mit, dass selbst mit kleinen Initiativen, hinter denen viel persönliches Engagement steckt, einiges erreicht werden kann; oft mehr als mit Projekten der Bill & Melinda Gates Foundation, die jedes Jahr Hunderte Millionen US-Dollar in Afrika investiert. Andererseits war auch eine Kritik herauszuhören, die drei Jahre später, bei der BIOFACH in Nürnberg, der weltweit größten Messe für ökologische Konsumgüter, von Auma Obama, Germanistin und Leiterin der Hilfsorganisation CARE International in Kenia sowie Schwester des ehemaligen US-Präsidenten, explizit formuliert wurde: Der Westen solle sich hüten, Wertvorstellungen, die selbst in Europa oder Amerika nur in einer Nische gelten, in die afrikanischen Gesellschaften hineinzuprojizieren – um dabei auch noch eigennützig vom Export exotischer Lebensmittel in Bioqualität zu profitieren.

Eine vollkommen andere Meinung hörte ich in Brasilien. Im Juni 2012 leitete ich eine Delegation der IFOAM und des FiBL bei der UNO-Konferenz Rio+20, die der nachhaltigen Entwicklung gewidmet war und 20 Jahre nach der ersten Konferenz zum Thema Umwelt und Entwicklung ebenfalls in Rio de Janeiro stattfand. Dort trafen wir offizielle Delegierte der FAO, der Ernährungs- und Landwirtschaftsorganisation der Vereinten Nationen, sowie verschiedene Botschafter bei einer Nebenveranstaltung an der Pontifícia Universidade Católica do Rio de Janeiro. Hier wäre ich gern Student gewesen! In Hörsälen, Cafeterias und an Arbeitsplätzen mitten in üppigster tropischer Vegetation, zwischen hohem Bambus und riesigen Palmen. Maria Fernanda Fonseca, die seit vielen Jahren am brasilianischen Forschungsinstitut PESAGRO arbeitete, räumte bei unserer gemeinsamen Pressekonferenz mit dem Vorurteil auf, dass der Biolandbau nur etwas für den Export nach Europa, Japan oder in die USA sei. Sie stellte vier brasilianische Initiativen vor, die auf dem Prinzip der eigenverantwortlichen Kontrolle basierten und Bioprodukte für die lokalen Märkte herstellten. Das in Brasilien entwickelte Modell des *Participatory Guarantee System (PGS)* beruht sehr stark auf jenem Prinzip, das in der Wissenschaft bereits verbreitet ist: nämlich auf jenem der Qualitätssicherung durch Peers, also durch die eigene Berufsgruppe. „Warum sollten Bauern nicht beurteilen können, ob ein Kollege biologisch anbaut oder nicht? Warum braucht es externe Kontrolleure, die oft aus Europa oder den USA kommen?", fragte Fonseca. Die vier brasilianischen Initiativen hatten damals schon 10.000 Mitglieder und waren Teil einer stark wachsenden Bewegung.

Ich werde in meinem Buch nicht in Versuchung geraten, die Faktenfülle anderer Bücher über den Untergang des Planeten wiederzukäuen. Es geht mir darum – und das hat diese Einleitung vielleicht schon gezeigt –, keines der oft bequemen Klischees zu bedienen. Mich interessieren vielmehr die zahlreichen Widersprüche, die wir scheinbar nicht erklären können. Die Menschen kaufen und essen zum Beispiel nicht so, wie sie es der Theorie und dem normalen Menschenverstand zufolge tun müssten. Die Kleinbäuerinnen und Kleinbauern in Ländern mit niedrigen Einkommen leiden am meisten unter den Nahrungsmittelkrisen, obwohl sie doch nach Einschätzung von NGOs ein Erfolgsmodell sein sollten. Biologische und agrarökologische Landwirtschaftsmethoden funktionieren, Tausende von Fallstudien belegen das, aber die große Mehrheit der Bäuerinnen und Bauern wendet sie nicht an. Bei biologischen Lebensmitteln werden in Europa und den USA Umsatzzuwächse im zweistelligen Prozentbereich verzeichnet, global sind sie aber immer noch ein Nischenprodukt mit einem Marktanteil von zwei Prozent. Linke, grüne und konservative Regierungen fördern politische Rahmenbedingungen für eine nachhaltige Landwirtschaft, und trotzdem verharrt die ökologische Landwirtschaft auch in den reichsten Ländern Europas bei Flächenanteilen von gerade einmal zehn bis 20 Prozent.

Seit dem wirtschaftlichen Aufschwung nach dem Zweiten Weltkrieg haben sich noch nie so viele Menschen mit Landwirtschaft und Ernährung beschäftigt wie heute. Acht Milliarden Menschen – und in 30 Jahren sollen es schon zehn Milliarden sein – müssen ohne einen riesigen ökologischen Fußabdruck ernährt werden. Dafür brauchen wir viele Suchende. „Bereits Wissende" sind zwar hoch willkommene Inspiration, aber solange wir noch so weit vom Ziel der nachhaltigen Ernährung entfernt sind, sollte man Patentrezepten gegenüber eher kritisch sein.

Da es sich bei diesem Band um ein allgemein verständliches Sachbuch und nicht um eine wissenschaftliche Publikation handelt, verzichte ich auf eine vollständige Zitierung der Literatur. Ich verweise aber im Text auf besonders wichtige Persönlichkeiten sowie spannende Arbeiten. Am Schluss des Buches findet sich außerdem eine Liste ausgewählter Literatur.

It's the lack of democracy, stupid!

oder

Warum es Hunger gibt

Kapitel 2

„So sonderbar es auch klingen mag, die Demokratie ist eine der stärksten Waffen gegen den Hunger. Wie der Ökonom Amartya Sen *(er entwickelte den Sen-Index, ein Maß zur Bestimmung der Armut in einer Gesellschaft, und wirkte an der Entwicklung des Human Development Index mit, den das Entwicklungsprogramm der Vereinten Nationen seit 1990 regelmäßig veröffentlicht; Anm. des Autors)* hervorhob, gab es Hungersnöte in kommunistischen Staaten, in absoluten Monarchien, in Kolonial- und Stammesgesellschaften, aber nie in Demokratien. Sogar schwache Demokratien wie Indien und Botswana konnten Hungersnöte vermeiden, obwohl das Nahrungsmittelangebot knapper war als in vielen Ländern, in denen Krisen zuschlugen. Regierende, die von Wählerinnen und Wählern abhängig sind, tun alles, um Hunger zu vermeiden, und eine freie Presse macht die Öffentlichkeit auf Probleme aufmerksam, sodass rechtzeitig gehandelt werden kann."

Johan Norberg in seinem Buch Progress: Ten Reasons to Look Forward to the Future (2016; Übersetzung durch den Autor)

Der Autor und Unternehmensberater Asfa-Wossen Asserate, Groß- neffe des letzten äthiopischen Kaisers Haile Selassie, machte die autoritären und korrupten Regime in Afrika für die Armut und die Perspektivlosigkeit vieler junger Menschen verantwortlich. Er hoffte, dass sich die Menschen beim Schopf packen und aus der Misere herausholen würden. „Aber das können sie nicht, solange Europa die afrikanischen Diktaturen stützt", wie Asserate in einem Inter- view in der *Neuen Zürcher Zeitung (NZZ)* vom 17. Januar 2017 festhielt.

Die Entwicklung der landwirtschaftlichen Produktivität ist eng mit der Vergabe von Eigentumsrechten an die Bauern verbunden. In England wurden ihnen bereits am Ende des 15. Jahrhunderts persön- liche Freiheiten geschenkt, was im 16. Jahrhundert zur englischen Agrarrevolution führte. Im Jahr 1808 wurde den Bauern in Preußen das volle Eigentumsrecht erteilt. Dies kam einer wirklichen Bau- ernbefreiung gleich. In anderen Gebieten Deutschlands, in Hessen,

Baden, Sachsen, erhoben sich die Bauern erst 1848, als in Paris die Februarrevolution ausbrach. Die Revolution breitete sich rasch in weiten Teilen Europas aus. Ende 1849 galt sie als gescheitert, aber für die Bauern blieben grundsätzliche Freiheiten garantiert, die Europa verändern sollten. Schrittweise wurden die Abgabepflichten und die Hörigkeitsverhältnisse der Bauern gegenüber den alten Feudalherren abgeschafft. Raiffeisenbanken, die vom Staat Geld erhielten, unterstützten die Unabhängigkeitsbestrebungen der Bauern.

Doch Hunger ist nicht nur eine Folge mangelnder Demokratie, er wurde sogar – und wird auch heute noch – von Despoten als Mittel dazu benutzt, ihre Herrschaft zu perpetuieren. Nordkorea, Simbabwe, der Südsudan, Nigeria, Jemen und Somalia sind Beispiele für diese Unmenschlichkeit.

Schon 2016 zeichnete sich am Horn von Afrika wegen der mehrjährigen Trockenheit eine Hungerkatastrophe ab. Die Konflikte und der Terrorismus in Somalia, das als gescheiterter Staat galt, verschärften das Problem massiv. Wann lernen die Europäer, konsequent in Projekte zur Entwicklung demokratischer Zivilgesellschaften zu investieren?

Die größte Hungerkatastrophe der ganzen Menschheit verursachte Mao Zedong mit dem „Großen Sprung nach vorn" in den Jahren 1958 bis 1961. Dem Wahn, die Überlegenheit des chinesischen Kommunismus zeigen zu wollen, fielen etwa 40 Millionen Menschen zum Opfer, weil die Landwirtschaft zwangskollektiviert wurde. Erst Initiativen der Bauern in der Provinz Anhui in den 1980er Jahren, die kommunales Land wieder parzellierten und den Bauern gegen den Willen des Regimes zur Verfügung stellten, führten laut Johan Norberg zu einem langsamen Wechsel und zur modernen chinesischen Landwirtschaft, die eine beeindruckende Vielfalt und Produktivität aufweist. Bei meinem letzten Besuch in Peking, im Januar 2016, stand ich auf dem Tian'anmen-Platz vor dem Mao-Mausoleum und starrte sein monumentales Porträt an. Unvermittelt sah ich mich zurückversetzt in den 16-jährigen Jugendlichen, der in Zürich in verrauchten Lokalen den Umsturz nach dem Vorbild Maos herbeiredete. Ich machte auf der Treppe kehrtum und fragte mich mit Entsetzen, wie man sich von seinen Träumen so fehlleiten lassen kann, dass man komplett blind wird.

Mit der gleichen Brutalität ging die Sowjetunion bei der Kollektivierung der Landwirtschaft Anfang des 20. Jahrhunderts vor. Auch diese zerstörerische Politik forderte – in Kombination mit einer Trockenperiode – unzählige Menschenleben. 18 Millionen waren es in Russland und der Ukraine.

Weiche Faktoren hingegen, wie die Befähigung oder die Emanzipation der Menschen und die Bildung von echten Interessengemeinschaften, sind ein, wenn nicht *der* Schlüssel zu einer besseren Ernährung und Gesundheit. In einer Studie der University of Sussex in England, die im Auftrag der UN-Organisation für Handel und Entwicklung (UNCTAD) und des UN-Umweltprogramms (UNEP) entstanden ist, streicht Professor Jules Pretty die Bedeutung des sozialen und des menschlichen Kapitals für die Ernährungssicherheit hervor. In seinem Vergleich von biologischer Landwirtschaft mit traditioneller Subsistenzlandwirtschaft, deren Ziel vor allem die Selbstversorgung einer Familie oder Gemeinschaft ist, in Subsahara-Afrika begünstigt der Biolandbau in 93 Prozent aller Fallstudien die Bildung von Bauerngruppen und Kooperativen, die ganz auf die Selbsthilfe der Beteiligten ausgerichtet sind. Da die Biobauern etwas Neues praktizieren, das die Alten nicht kennen, arbeiten sie weniger formalisiert, freier und ignorieren traditionelle Einschränkungen. Letztere machen oft gar keinen Sinn und sind auf den Machterhalt bestimmter Familienclans ausgerichtet. Mehr Selbstverantwortung steigert den Erfahrungs- und Wissensaustausch unter den Bauernfamilien und senkt schlussendlich die Arbeitskosten. Einzelne Gruppen von Bauern schließen sich zu regionalen oder nationalen Netzwerken zusammen und pflegen die Kontakte zu Regierungs- und Nichtregierungsorganisationen sowie zu internationalen Unterstützungsorganisationen wie etwa zu IFOAM – Organics International, dem internationalen Dachverband aller Bioorganisationen mit Sitz in Bonn.

Gemäß der angesprochenen UNCTAD-Studie wirkt sich eine Umstellung auf Biolandbau auch auf das menschliche Kapital vorteilhaft aus. Während der Umstellung werden Kurse und Gruppenberatungen angeboten, was den Wissensstand der Bauernfamilien verbessert. Gemeinsam beginnen die Familien auch, die Lagerung der Ernteprodukte und den Transport zu den Märkten zu optimieren. Auf Initiative der Bauern verbessern sich so die maroden Transportwege stetig. Denn schlechte oder fehlende Straßen sind eines der Haupthindernisse für die wirtschaftliche Entwicklung ländlicher Gebiete. Insgesamt konnte in der UNCTAD-Studie gezeigt werden, dass sich die landwirtschaftlichen Erträge verdoppelten und das bäuerliche Einkommen stieg. Davon setzen die Bauernfamilien mehr für die Ausbildung der jungen Menschen und für die Gesundheit der Familien ein.

Für den Bericht wurden insgesamt 114 Projekte in 24 afrikanischen Ländern ausgewertet. Ein Schwerpunkt lag auf den Ländern Kenia, Uganda und Tansania. Bei all diesen von privaten oder staatlichen Entwicklungsorganisationen geförderten Projekten wurden die Bauern hinsichtlich der Methoden des Biolandbaus bzw. der Agrarökologie beraten.

Die positiven Effekte von partnerschaftlicher Beratung, die die Rechte und die Verantwortung der Bauernfamilien stärkt, sind technologieunabhängig, wie eine Studie von Professor Matin Qaim (Georg-August-Universität Göttingen) mit Kleinbauern in Indien zeigte. Diese pflanzten erfolgreich und zu ihrem Nutzen gentechnisch veränderte, insektenresistente Baumwolle an. Qaim regt an, keine Technologiedebatten zu führen, sondern die sozialen und menschlichen Fähigkeiten zu stärken.

Heutzutage können es sich leider nur noch die wohlhabenden Länder leisten, staatliche Beratung anzubieten. Viele Länder, die Kredite von der Weltbank und vom Internationalen Währungsfonds beanspruchten, um international zahlungsfähig zu bleiben, mussten ihre Staatsausgaben einschränken. So wurde die landwirtschaftliche Beratung privaten Firmen der Agrarindustrie überlassen. Doch wer Beratung anbietet, bestimmt letztlich, welche Innovationen sich durchsetzen. Das erkannte auch die Europäische Union, die im seit 2014 laufenden Forschungsprogramm Horizon 2020 die enge Zusammenarbeit von Forschung, Beratung sowie Bäuerinnen und Bauern gezielt fördert. Noch weiter will die Europäische Kommission mit der im Jahr 2020 gestarteten Partnerschaft *Agroecology Living Labs and Research Infrastructures* gehen. Durch diese sollen dereinst neue Strukturen des partizipativen Erkenntnisgewinns ermöglicht werden, die die Wissenschaftlerin, den Landwirt, die

Bürgerin und den Verbraucher zu Forschenden und Handelnden machen. Dahinter stecken Ansätze und Ideen, die ein ganz neues Wissenschaftsbild und -verständnis erahnen lassen.

Im September 2010 hatte ich das Glück, den indischen Bundesstaat Sikkim im südlichen Himalaya-Gebiet besuchen zu können. Die Verwaltung ächzte unter dem Dekret des Chief Ministers Pawan Chamling, bis ins Jahr 2015 die Landwirtschaft flächendeckend auf Bio umzustellen. Obwohl Chamling eine sehr charismatische Persönlichkeit war, beeindruckte mich vor allem der Besuch einer dörflichen Mittelschule im unwegsamen Gebiet in Süd-Sikkim, wo mir 14- bis 16-jährige Schülerinnen und Schüler ihre Gruppenarbeiten präsentierten. Ihre Aufgabe war es gewesen, Vermarktungskonzepte zu erstellen, wie sie als Kleinbauern ihre biologischen Waren vermarkten könnten. Die auf Plakaten beschriebenen Szenarien, wie man gemeinsam Rohstoffe verarbeiten und auf dem Markt der nahen Stadt Namchi anbieten könnte, waren von einer außerordentlichen Professionalität. Die jungen Menschen, die alle dereinst ihre elterlichen Betriebe fortführen wollten, waren sehr optimistisch, dass der zunehmende Pilgertourismus im Zusammenhang mit der weltgrößten Statue des Guru Rinpoche ein gutes Umfeld für Direktvermarktung bieten werde. Sprachlos ließ mich auch eine Bauernversammlung in einem kleinen Dorf zurück. Etwa 80 Bäuerinnen und Bauern trafen sich auf einem mit einem Blechdach gedeckten Markt. Sie diskutierten über Probleme auf den Feldern, mit der Gesundheit ihrer Kühe und darüber, was im nächsten Jahr bezüglich Biokontrolle auf sie zukommen werde. Die meisten Bauernfamilien in Sikkim bewirtschaften in dem steilen Gebiet ein Hektar Land, haben eine Kuh, bauen Schwarzen Kardamom und in kleinen Gärten allerlei Blatt- und Wurzelgemüse sowie Gewürze an. Ein alter, zahnloser Bauer erzählte den anderen, welche Erfahrungen er mit dem Ausbringen einer vergärten Gülle aus verschiedenen Pflanzen gemacht hatte. Seine Beobachtung war, dass die schattenliebenden Gewürzbüsche des Schwarzen Kardamoms danach viel gesünder ausgesehen hätten. Er meinte, ein Rezept gegen Virus-, Rost- und Blattfäulekrankheiten gefunden zu haben. Die anderen Bauern applaudierten begeistert. Ob ich das als Wissenschaftler bestätigten könne, wollte der alte Bauer wissen. Konnte ich nicht, da mir die entsprechende Erfahrung fehlte. Dann müssten wir das einmal gründlich zusammen anschauen, erwiderte er.

Menschen und Gemeinschaften befähigen – dieser Gedanke lässt mich nicht mehr los. Wie ein roter Faden zieht er sich durch die unzähligen Studien der letzten drei Jahrzehnte. Der *Weltagrarbericht* beleuchtete im Jahr 2008 sehr genau das landwirtschaftliche Wissenssystem und bestätigte die gleichrangige Bedeutung von Wissen, das von Praktikerinnen und Praktikern geschaffen wird, und Wissen, für das Wissenschaftlerinnen und Wissenschaftler verantwortlich zeichnen. Wissen übrigens, das stets wieder neu entsteht.

Die gesamte Wertschöpfungskette der Landwirtschaft und der Ernährung war in den letzten Jahrzehnten geprägt von wirtschaftlichen Konzentrationsprozessen. Gemäß der Logik, dass Große billiger produzieren und verteilen können, brach unter Dünger-, Pestizid- und Saatgutherstellern ein Kauf- und Fusionsrausch aus. Auch der Rohstoffhandel, die Lebensmittel verarbeitende Industrie und die Lebensmittelhändler setzen auf Größe statt auf Vielfalt. Die Rechnung ist aufgegangen, denn es wird viel Geld verdient. Etwa 50 Unternehmen der Wertschöpfungskette Landwirtschaft und Lebensmittel gehören laut dem Wirtschaftsmagazin Forbes zu den 500 größten Unternehmen der Welt. Auch die Verbraucher haben profitiert: Lebensmittel waren noch nie so billig und im Haushaltsbudget hatten noch nie so viele andere Konsumgüter, Freizeitaktivitäten, Reisen und so viel Bildung Platz.

Wenig von den Konzentrationsprozessen profitiert haben die Landwirtinnen und Landwirte. Die rund 570 Millionen landwirtschaftlichen Unternehmen, von denen 500 Millionen Familienbetriebe sind, konnten naturgemäß ihre wirtschaftlichen Interessen nicht bündeln. Und sie haben das Problem – vor allem in den Industrieländern – sogar selbst verschärft: Indem die Landwirte alles daransetzten, immer mehr zu immer billigeren Preisen zu produzieren, trugen sie zur Misere bei. Dabei lernt jeder Mensch bereits in der Schule, dass, wer den Preis für ein Produkt steuern möchte, zuallererst das Angebot, also die Menge und die Qualität, steuern muss.

Die wirtschaftlichen Konzentrationsprozesse in der der Landwirtschaft vor- und nachgelagerten Industrie verursachen bei vielen Menschen Unbehagen und Angst. Die Übernahme Monsantos durch die deutsche Firma Bayer und jene Syngentas durch Chem-China trieben vor wenigen Jahren junge Menschen auf die Straßen. Intuitiv wissen wir alle, dass eine Machtkonzentration negative Auswirkungen auf die Landwirtschaft und schlussendlich auf die Ernährungssicherheit haben kann. Ernährungssouveränität, ein Begriff, den La Via Campesina, ein internationales Bündnis von Kleinbauern und Landarbeitern, erstmalig verwendet hat, ist in aller Munde. Demokratische Selbstbestimmung als Schlüssel zur sicheren Ernährung ist die Lehre aus der Geschichte. *It's the lack of democracy, stupid!*

Alle können satt sein

oder

Warum ich die moderne Landwirtschaft lobe

Kapitel 3

„Es gibt wenig Staaten, in denen die Volksmenge nicht allezeit sich über das Maß der vorhandenen Nahrungsmittel zu vermehren strebt. Dies beständige Streben ist die wahre Ursache, weswegen die unteren Klassen der Gesellschaft allezeit zum Mangel und Elend verurteilt sind."

Thomas Robert Malthus, englischer Nationalökonom (1798)

Das eingangs zitierte Malthus'sche Bevölkerungsgesetz galt bis zum Ende des 19. Jahrhunderts wie in Stein gehauen. Thomas Robert Malthus formulierte es aus der Beobachtung heraus, dass die hohe Kinderzahl beim Menschen stets zu exponenziellem Bevölkerungswachstum führte, während die landwirtschaftliche Produktivität nur linear zunahm. Hungersnöte mit vielen Toten, Seuchen und Kriege galten als notwendiges Übel, um dieses Missverhältnis regelmäßig zu korrigieren. Die geschichtlichen Erfahrungen bestätigten Malthus' Theorie. In klimatisch ungünstigen Jahren gab es in Europa stets Hungersnöte. Der bedeutende französische Historiker Fernand Braudel führte, beeinflusst von Karl Marx, die Betrachtung des täglichen Lebens einfacher Menschen in die Geschichtsschreibung ein. Es waren natürlich diese Gesellschaftsschichten, die bei ungenügenden Ernten vom Hunger geplagt waren. Marx bekämpfte deshalb den Fatalismus Malthus', der als Naturgesetz daherkam und die Ausbeutung als wichtigste Ursache von Armut und Hunger zu wenig thematisierte. In seinem Buch *Civilisation and Capitalism* zählte Braudel vom 15. bis zum 18. Jahrhundert 79 nationale Hungersnöte in Frankreich. Das Land war geschichtlich gesehen das reichste der Welt und klimatisch besonders gut für die Landwirtschaft geeignet. Aber selbst hier: Hunger als Naturgesetz – bevor zwei Nobelpreisträger die eigentliche agrarische Revolution auslösten. Doch alles der Reihe nach.

Paläoanthropologen gehen davon aus, dass in der frühen Steinzeit nur sehr kleine Populationen des Menschen in Europa als Jäger und Sammler lebten. Diese Populationen waren exakt an die Nahrungsgrundlage angepasst, natürliche Feinde und das Klima regelten die Überlebensraten. Durch DNA-Analysen lässt sich heute rekonstruieren, dass die Verwandtschaftsverhältnisse oft eng waren, weil die Menschheit mehrfach vor dem Aussterben stand. Doch woher kam die Fähigkeit des Menschen, sich der natürlichen Beschränkung seiner Nahrungsgrundlage und unwirtlichen Umweltbedingungen zu entziehen?

32

Bereits der Homo erectus konnte sich vor zwei Millionen Jahren dank der Beherrschung des Feuers in kühleren Klimazonen ausbreiten, durch Braten und Erhitzen seine Nahrungsbasis verbreitern und so seine Überlebenschancen verbessern. Seine intellektuelle Überlegenheit half ihm, sich seiner natürlichen Feinde zu entledigen. Das Wachstum der menschlichen Population hatte sich damit von den natürlichen Regelmechanismen befreit. Die Domestizierung des Hundes führte zu einem ersten starken Bevölkerungsanstieg, da die Ausbeute aus der Jagd größer wurde und sich der Mensch besser vor Raubtieren und Naturgefahren schützen konnte. Der Wolf hingegen, der sich einst mit dem Menschen verbündete, wird auch heute noch gefürchtet. Im Alpenraum wird er trotz seines Schutzstatus von Schafhaltern wieder geschossen.

Mit dem Wechsel zum Ackerbau begann in der Jungsteinzeit im achten Jahrtausend vor Christus das nächste Wachstum der menschlichen Population. Erste primitive Pflüge brachten vor 12.000 Jahren einen beträchtlichen Technologieschub. Die Lockerung des Bodens mit Hilfe von Zugtieren, hauptsächlich Kühen und Ochsen, erlaubte eine Nutzung der natürlichen Bodenfruchtbarkeit auf etwas größeren Äckern. Die gelockerten Böden bauten Nährstoffe aus der organischen Substanz und dem Grobboden respektive dem Bodenskelett, das aus dem Ausgangsgestein vor der Bodenbildung besteht, ab.

Einer nachhaltigen Bewirtschaftung der Böden wurde nur insofern Beachtung geschenkt, als die Bauern den Acker jeweils für ein Jahr verunkrauten ließen und erst nach dieser Pause wieder Getreide anbauten. Das Getreide entstand durch Auslese von Süßgräsern, indem jeweils die Pflanzen mit den größten Körnern wieder ausgesät wurden. Die frühesten kultivierten Getreidesorten in Europa waren Einkorn, Emmer und Gerste. Die beschriebene Zweifelderwirtschaft wurde sehr lange praktiziert. Oft waren die Menschen auch gezwungen, Siedlungen aufzugeben, weil der Boden erodiert war. Der Geologieprofessor David R. Montgomery von der University of Washington in Seattle berechnete, dass in gepflügten Böden die doppelten bis dreifachen Mengen Humus abgebaut werden, wie unter natürlicher Vegetation in der gleichen Zeit heranwachsen können. In seinem Buch *Dirt* zeigt er, dass im Verlauf der Geschichte große Zivilisationen wie die Maya und Inka durch die intensivere Bodennutzung aufblühten und mit der Bodendegradation, also der Verschlechterung des Bodens, wieder verschwanden. Mit dem heutigen Verständnis der Bodenprozesse kann man diese kulturellen Hochblüten und ihren Untergang im Nachhinein genau berechnen. Leider setzt sich der Verlust von fruchtbarem Boden auch heute noch schleichend fort, weshalb Montgomery ein Befürworter des pfluglosen Ackerbaus ist, selbst wenn dieser auf Kultursorten basiert, die gentechnisch so verändert wurden, dass sie resistent gegen bestimmte Totalherbizide wie Glyphosat sind und dadurch ein System „Immergrün", das heißt eine durchgehende Grünbedeckung, etabliert werden kann. Berechnungen von Professor David Pimentel von der Cornell University im US-Bundesstaat New York zufolge gehen der landwirtschaftlichen Produktion jährlich weltweit zehn Millionen Hektar Ackerland durch Erosion verloren. Zum Vergleich: In Deutschland gibt es insgesamt zwölf, in Österreich 1,4 und in der Schweiz 0,4 Millionen Hektar Ackerland. Die Landwirte und die Politik haben die Lektion der Geschichte also immer noch nicht gelernt.

Erste bedeutende Beispiele für Humusaufbau, der aktiv durch die Menschen betrieben wurde, waren die schwarzen Böden im Amazonas, Terra preta genannt. Sie entstanden im ersten Jahrtausend nach Christus. Über Hunderte von Jahren wurde Holz aus riesigen Flächen des Urwalds zusammen mit Siedlungsabfällen der Menschen verkohlt, was zu bis zu zwei Meter mächtigen, sehr stabilen dunklen Böden führte. Ohne diese Stabilisierung würde den tropischen Böden nach dem Abholzen rasch die im Boden gespeicherten Nährstoffe und der Humus verloren gehen. Diese fantastische kulturelle Leistung der Indios wurde in den letzten 20 Jahren wiederentdeckt und es wird versucht, sie für die moderne Landwirtschaft nutzbar zu machen. Die Pyrolyse, also die Verkohlung von Holz und anderen organischen Materialien unter Luftabschluss, kann sogar mit einfachen Spezialkochöfen durchgeführt werden und findet in armen Ländern gerade rege Verbreitung. Als Nebeneffekt bleiben die Küchen dabei praktisch rauchfrei.

Es gibt auch modernste Pyrolyse-Großanlagen, die holzkohle-ähnliche Materialien zur Bodenverbesserung und gleichzeitig Gas für die Energienutzung produzieren. Sie leisten einen Beitrag zur Rückbindung von Kohlenstoff aus der Atmosphäre in den Boden, was aber an Grenzen stößt. Vor allem in Afrika ist organisches Material rar und es wird auch für andere Zwecke, etwa für die Gewinnung von Biogas, Kompost oder Futtermittel sowie zum Heizen, benötigt. Überdies ist der Kohlenstoff im lebenden Holz der Wälder bei Weitem besser gespeichert, weshalb es wenig Sinn hat, Holz zu schlagen, durch Pyrolyse in stabile Kohle umzuwandeln und im Boden zu vergraben. Als Alternative werden auch Zivilisationsabfälle verkohlt und zur Bodenverbesserung ausgebracht – von ausgedienten, mit Altöl getränkten Holzpaletten bis hin zu bedrucktem Werbematerial. Das lässt Umweltbehörden erschaudern, die 50 Jahre lang alles darangesetzt haben, Abfall auf Schadstoffe hin zu kontrollieren und nach bester Praxis zu entsorgen. Denn derartige Recycling-Prozesse und neue Produkte zur Bodenverbesserung können Quellen von polyzyklischen aromatischen Kohlenwasserstoffen (kurz PAK) sein, die mehrheitlich krebserregend sind.

Um das Jahr 1100 herum wechselten die Bauern in Europa zur Dreifelderwirtschaft. Grünbrache, Wintergetreide und Sommergetreide wechselten sich ab. Statt Ochsen und Kühen zogen nun Pferde den Pflug. Neuerungen, die den Ertrag weiter steigen ließen. Erst im 18. Jahrhundert wurde die Dreifelderwirtschaft durch einen eigentlichen Fruchtwechsel abgelöst, bei dem auch vermehrt Leguminosen wie Klee, Bohnen, Linsen oder Erbsen angebaut wurden. Diese sind fähig, den in der Luft vorhandenen Stickstoff mit der Hilfe von Knöllchenbakterien in ihrem Wurzelwerk zu fixieren, was die Fruchtbarkeit des Bodens und somit die Erträge erhöhte. Die Tiere wurden in Ställen gehalten, ihr Dünger konnte damit gezielter auf diejenigen Kulturen ausgebracht werden, die viele Nährstoffe brauchten. In der ackerbaulichen Fruchtfolge wurden bewusst auch Futterpflanzen wie Klee und Gras angebaut, was die Erträge der Ackerfrüchte weiter steigerte. Die Struktur des Bodens verbesserte sich. „Die Wiese ist die Mutter des Ackers", sagten die alten, wohlhabenden Berner Bauern mit ihren prächtigen Höfen. Ähnliche Sprichwörter findet man auch in Schweden und anderen Ländern.

Damit war das entstanden, was man heute eine „gute fachliche Praxis" nennt. Es war die Zeit, als die Agrarwissenschaften mit Albrecht Daniel Thaer, Alexander von Humboldt und Justus von Liebig in Erscheinung traten und zu universitären Disziplinen wurden. Heute fordern die landwirtschaftlichen Gesetze zwar die Einhaltung einer guten fachlichen Praxis, so wie sie vor 200 Jahren als eine entscheidende Innovation entstand. Leider sucht man sie in der modernen Landwirtschaft aber vergeblich. Dank dem Biolandbau hat sie dennoch überlebt – vermutlich dessen größte historische Leistung.

Mitte des 18. Jahrhunderts begann sich die Lebensmittelversorgung in Europa langsam zu verbessern. Die Menschen in England und Frankreich konsumierten damals im Durchschnitt täglich zwischen 2.000 und 2.500 Kilokalorien – weniger als heute den Menschen in Subsahara-Afrika zur Verfügung steht, wie Robert William Fogel in seiner Studie *The Escape from Hunger and Premature Death, 1700–2100* schrieb. Die große historische Wende kam zu Beginn des 20. Jahrhunderts: Die Menge der erzeugten Lebensmittel wuchs erstmals rascher als die Bevölkerung. Und diese Entwicklung hält bis heute an.

1840 publizierte Justus von Liebig in Gießen sein Buch *Agriculturchemie* und propagierte darin die Mineraldüngung mit aus dem Bergbau gewonnenem Phosphor und Kalium. Liebig war zu seiner Zeit einer der ersten weltweiten Stars der Wissenschaft. Dass sich der Chemiker neben vielen Erfindungen auf anderen Gebieten auch der Landwirtschaft widmete, hatte mit seiner persönlichen Erfahrung der schweren Hungerjahre 1816 und 1817 zu tun, die Westeuropa und die USA wegen des Ausbruchs des indonesischen Vulkans Tambora im Jahr 1815 trafen. Die revolutionäre Erkenntnis Liebigs lautete, dass die Hauptnährstoffe Stickstoff, Phosphor und Kalium in ausgeglichenem und genügendem Maße im Boden vorhanden sein müssen, damit Pflanzen freudig und gesund wachsen.

Liebig kannte Stickstoff nur aus organischen Quellen – aus der Tierhaltung und der Pflanzenkompostierung. In seinem Spätwerk erläuterte er die Bedeutung der Stickstoffsynthese aus der Symbiose von Knöllchenbakterien und Kleepflanzen. Diese zur Familie der Leguminosen gehörenden Pflanzen, die sowohl der Tierfütterung dienen als auch wichtige essbare Arten wie Bohnen, Erbsen und Linsen hervorbringen, sind in der Lage, Stickstoff aus der Luft zu synthetisieren. Liebig wurde als Erfinder der modernen Mineraldüngung von den Pionieren des Biolandbaus geschmäht. Er sei verantwortlich für das „NPK-Denken" – das Symbol einer leblosen Landwirtschaft, in der mit den Nährstoffen Stickstoff (Nitrogenium), Phosphor und Kalium die Pflanzenerträge gepusht wurden. Seine späten Publikationen zu den Leguminosen wurden hingegen auch von den Biobauern wertgeschätzt. Der späte Liebig sei wieder weise geworden, sagten mir alte Biobauern voller Bewunderung.

Die Erkenntnisse Liebigs machten Europa zu einem großen Importeur von Chilesalpeter und Guano. Chilesalpeter wurde aus dem Oberflächenabbau von Vogelkot in Chile, Peru, Bolivien und anderen Ländern gewonnen. Das größte Abbaugebiet war die Atacama-Wüste. Die großen Profite des Handels mit Europa führten in den Jahren 1879 bis 1884 zum sogenannten Salpeterkrieg zwischen Chile auf der einen Seite und Peru sowie Bolivien auf der anderen. Im Jahr 1870 wurden insgesamt 147.000 Tonnen vom chilenischen Hafen Iquique nach England und Deutschland verschifft, was einen groben Vergleich mit modernen Stickstoffdüngern zulässt: Für diese werden jährlich 120 Millionen Tonnen Reinstickstoff verarbeitet. Man kann also davon ausgehen, dass heute rund tausendmal mehr Stickstoff in die Landwirtschaft eingebracht wird als noch vor 150 Jahren. Als Folge kam es zur Eutrophierung oder Nährstoffanreicherung aller, nicht nur der landwirtschaftlich genutzten Ökosysteme ungeahnten Ausmaßes. Untersuchungen haben gezeigt, dass die flächendeckende unbeabsichtigte Belastung mit Stickstoff in der Schweiz zwischen drei und mehr als 50 Kilogramm pro Hektar liegt. Letzteres entspricht einer Düngermenge, wie sie in der Landwirtschaft eingesetzt wird. Darunter leidet zum einen die Artenvielfalt von empfindlichen, an marginale Standorte angepassten Pflanzengesellschaften und zum anderen die Waldvegetation.

Guano wiederum wurde an den regenwarmen Küsten Südamerikas aus dem Kot von Pinguinen und Kormoranen gewonnen. Je nach chemischer Zusammensetzung des Kalkgesteins, in welches die Exkremente der Tiere eindringen, ist Guano stark phosphor- oder kalziumhaltig.

Einen weiteren Meilenstein erreichte die moderne Agrarfor- schung mit der Erfindung der Bordeauxbrühe durch Pierre-Marie Alexis Millardet, einen Botanikprofessor an der Université Bordeaux. Er entdeckte per Zufall, dass die Rebenpflanzen in der Randreihe, die der Gärtner zur Abschreckung diebischer Spaziergänger mit einer Mischung aus Kupfervitriol und Kalkmilch besprühte, das ganze Jahr über gesund blieben. Im Jahr 1885 veröffentlichte Millardet seine Versuchsergebnisse und die Bordeauxbrühe wurde zum ersten großflächig angewandten chemischen Fungizid. Im Weinbau kommt diese immer noch häufig zum Einsatz und Biobauern wenden sie auch bei Kartoffeln, Hopfen und einzelnen Gemüsesorten an, weil sie die später von der Chemie synthetisierten Wirkstoffe ablehnen. Der Botaniker Millardet steht jedenfalls für den Beginn von 130 Jahren chemischen Pflanzenschutzes, der seit den 1970ern wachsender Kritik ausgesetzt ist. Doch bereits die Römer, Griechen und Chinesen nutzten im Altertum chemischen Pflanzenschutz – hauptsächlich Schwefel und Arsen. Dass Letzteres die unangenehme Nebenwirkung hatte, auch Menschen umzubringen, war bei den nicht immer zimperlichen Römern wohl nicht ganz unerwünscht.

Es war der deutsche Chemiker Fritz Haber, dem es 1911 gemeinsam mit Carl Bosch nach mehr als 20.000 Experimenten gelang, ein Verfahren zu entwickeln, das bei 300 Grad Celsius mittels eines Katalysators die Synthese von Ammoniak aus Stickstoff und Wasserstoff ermöglichte. Die große Menge Energie, die der Herstellungsprozess beanspruchte, war durch die Gewinnung von Erdöl und Erdgas seit Mitte des 19. Jahrhunderts günstig vorhanden. Erstmals in der Geschichte der Menschheit war Stickstoff in der landwirtschaftlichen Produktion keine limitierende Ressource mehr.

Der Abbau von Phosphaten und Kaliumsalzen und die Synthese von Stickstoff, basierend auf den Erkenntnissen Justus von Liebigs, ermöglichten deutlich größere Erträge. Dieses pflanzenbauliche Potenzial konnte mit den traditionellen Sorten nur teilweise genutzt werden. Der amerikanische Agrarwissenschaftler Norman Borlaug setzte deshalb mit größter Energie und gegen viele Widerstände in Asien und in Afrika auf ganz neue Züchtungsprogramme. Es ging ihm darum, die genetischen Grundlagen der Pflanzen so zu verbessern, dass Nährstoffe noch besser in Pflanzenertrag umgesetzt

werden konnten. Gleichzeitig predigte er auch die Notwendigkeit, die Anfälligkeit der Pflanzen für Krankheiten und Schädlinge durch Züchtung zu vermindern. Als Vater der „Grünen Revolution" wurde er 1970, wie Fritz Haber 52 Jahre zuvor und Carl Bosch 39 Jahre zuvor, mit dem Nobelpreis geehrt.

All diese Entwicklungen führten zu einem schnellen Wachstum der landwirtschaftlichen Erträge und verbesserten die Ernährungssicherheit massiv. Schweden zum Beispiel wurde aber, gemäß Johan Norberg, erst im frühen 20. Jahrhundert als frei von Hunger eingestuft. Auf der Basis steigender Produktivität sind bis heute viele weitere großartige Innovationen und Neuerungen entstanden. Im Kapitel zur Frage, welche Innovationen wir in Zukunft verfolgen müssen, werde ich auf das Thema „richtige" und „falsche" Innovation zurückkommen.

Der Erfolg der Landwirtschaft

oder

Warum dieser heute ein Hassthema geworden ist

Kapitel 4

> „Abgesehen von Henry Kissinger war Norman Borlaug, dessen Weizensorten der ‚Grünen Revolution' zum millionenfachen Tod von Bauern führten, wahrscheinlich der größte Mörder, der jemals den Friedensnobelpreis erhalten hat."
>
> *Alexander Cockburn, politischer Journalist aus Irland, der in den USA lebte und arbeitete (2007)*

40

Mit Justus von Liebig, Pierre-Marie Alexis Millardet, Fritz Haber, Carl Bosch und Norman Borlaug hatten die modernen Agrarwissenschaften ihre frühen Gesichter gefunden. Bis heute prägen sie die Denkweise der Agrarier. Hinter der schon fast feindlichen Ablehnung des Biolandbaus Mitte des 20. Jahrhunderts durch die Agrarwissenschaftler steckte die tiefe Angst, den erfolgreichen Weg aus den periodischen Hungersnöten aus den Augen zu verlieren. Die tiefen gesellschaftlichen Konflikte, die die moderne Agrarforschung heute auslöst, sind an der Person Norman Borlaugs exemplarisch festzumachen. In seinem Todesjahr 2009 konnte man in den Nachrufen lesen, dass er „der größte Mensch in der Geschichte der Menschheit war", dass er „mehr Leben gerettet hat als je ein Mensch zuvor" und dass er „Millionen von Quadratmeilen von Naturschutzflächen vor dem Pflügen gerettet hat". Ganz anders, und zwar nicht gerade zimperlich, gehen die modernen Kritiker mit Borlaug um. So kritisiert etwa die indische Ökologin Vandana Shiva, dass man damals, in der Grünen Revolution, kaum beachtet hätte, welch tiefe soziale und ökologische Veränderungen sich unter den Kleinbauern ankündigten. Die Langzeitfolgen von Borlaugs neuen Zuchtsorten seien reduzierte Bodenfruchtbarkeit, geringere genetische Vielfalt, Bodenerosion und höhere Anfälligkeit für Krankheiten und Schädlinge gewesen. Der politische Journalist Alexander Cockburn schrieb 2007, dass Norman Borlaugh vermutlich der größte Mörder gewesen sei, der jemals den Friedensnobelpreis erhalten hat. Seine Getreidesorten der Grünen Revolution hätten den Tod von Millionen Kleinbauern verschuldet.

Im Krieg der Argumente wird natürlich scharf geschossen. Doch schauen wir uns vorerst die Fakten an. Die Bevölkerung wuchs von 1,6 Milliarden im Jahr 1900 auf 7,8 Milliarden heute an. Die landwirtschaftlich genutzte Fläche blieb dabei in absoluten Zahlen fast stabil. Die Zahl derjenigen, die in der Landwirtschaft tätig waren, sank massiv, wodurch sich mehr und mehr Menschen anderen Entwicklungen und Aufgaben widmen konnten. In England waren 1900 noch 15 Prozent der Bevölkerung in der Landwirtschaft tätig, heute sind es 1,2 Prozent. In Polen sanken in der gleichen Zeit die Zahlen von 43 auf 12,6 Prozent. Der Anteil der Menschen, die in absoluter Armut leben, verringerte sich von 85 Prozent im Jahr 1900 auf aktuell 9,6 Prozent. Die absolute Zahl hungernder Menschen ist heute deutlich kleiner als Anfang des 20. Jahrhunderts. Die letzten großen Hungersnöte fanden in der Sowjetunion, in China und in Nordkorea statt und hatten, wie bereits beschrieben, politische Gründe. Stephen Devereux, Autor mehrerer Bücher über den Welthunger und Wissenschaftler am Institut für Entwicklungsstudien an der University of Sussex in England, bezeichnete das 20. Jahrhundert, in dem in den ersten 60 Jahren noch 70 Millionen Menschen an Hunger starben, als dasjenige, das als letztes Jahrhundert mit großen Hungersnöten in die Geschichte eingehen werde. Dafür sollen auch die Nachhaltigen Entwicklungsziele (kurz SDGs) der UNO sorgen.

Dieser Paradigmenwechsel vom Mittelalter hin zur Moderne ist historisch einmalig. Das Wachstum der landwirtschaftlichen Produktivität überholte jenes der menschlichen Population beträchtlich. Damit sind die Herausforderungen für die Gesellschaft im 21. Jahrhundert aber nicht kleiner geworden. Im Gegenteil. Es gilt, große soziale Aufgaben anzupacken, wie etwa die Armut, die im Zuge der Globalisierung der Märkte bisher vernachlässigt wurde. Ohne spezifische Maßnahmen profitieren nämlich nicht alle Menschen und Regionen automatisch vom Handel. Je nach Zählart sind heute 800 Millionen bis eine Milliarde Menschen wegen Armut in der Situation, weniger als 1.800 Kilokalorien pro Tag zum Essen zur Verfügung zu haben oder sich einseitig und ungesund ernähren zu müssen. Im Jahr 2014 ging man davon aus, dass insgesamt zwei Milliarden Menschen mittel bis schwer von unsicherer Ernährung betroffen seien. Wie instabil die Situation letztlich ist, zeigte sich im Jahr 2020 während der durch das neuartige Coronavirus verursachten Pandemie. Innert weniger Monate nahmen laut einem Bericht des Committee on World Food Security in Rom Armut und Arbeitslosigkeit drastisch zu. Als Folge davon wurden zwischen 83 und 132 Millionen zusätzliche Menschen nicht satt.

42 Bei einer Missernte verlieren Bauernfamilien, die das Saatgut und die landwirtschaftlichen Betriebsmittel auf Pump gekauft haben, alles und rutschen ins Elend ab. Armut setzt Menschen hilflos lokalen Konflikten, Kriegen und politischer Willkür aus. Schrecklicher Hunger und die schwächliche Entwicklung von Kindern sind die Folgen.

Eine zweite große Aufgabe neben der Armutsbekämpfung wird die ökologische Herausforderung sein. Denn der Erfolg der Landwirtschaft ging zulasten der für das Überleben wichtigen Ökosystemdienstleistungen – allen voran der Erhaltung sauberer Gewässer, sauberen Trinkwassers und ökologisch intakter, fischreicher Meere. Ebenso wichtig: der natürliche Artenreichtum der Vegetation, der unter der intensiven Landwirtschaft zurückgeht. Laut einer Studie des Wissenschaftlichen Beirats des Nationalen Aktionsplans Pflanzenschutz des Deutschen Ministeriums für Ernährung und Landwirtschaft, an der ich mitwirken durfte, beträgt dieser Rückgang in landwirtschaftlich geprägten Landschaften bis zu 70 Prozent. Die moderne Landwirtschaft wirkt sich dabei durch viele Faktoren aus: durch die größer gewordenen Felder, die Mechanisierung der bäuerlichen Arbeit, die umfangreichen Nährstoffdüngungen, die Abnahme der Anzahl angebauter landwirtschaftlicher Kulturen, die sehr effektive Unkrautbekämpfung durch Herbizide und durch den chemischen Pflanzenschutz im Allgemeinen. Zahlreiche Insekten und Tiere leiden unter der botanischen Verarmung der Pflanzendecke, die Bienen sind nur das prominenteste Beispiel. Radikale Landnutzungsänderungen geben Böden der Erosion und damit langfristig der Unfruchtbarkeit preis. Gleichzeitig erhöhen sich dadurch die Klimagasemissionen. Beispiele sind die artenreichen Regenwälder, die zugunsten von Palmölplantagen abgeholzt werden. Oder die extensiven Weidevegetationen auf mageren Böden in den Savannen, die in Brasilien und Argentinien zu Sojabohnenfeldern umgewandelt werden.

Oder das Pflügen von Grasland in Europa für den Getreidean-
bau. Wäre es zu vermeiden gewesen, dass die Erfolgsgeschichte
der Entwicklung der Landwirtschaft im 20. Jahrhundert aus dem
Ruder läuft? Nein, denn bis in die 1960er Jahre fehlte es nicht nur
an gesellschaftlichem Problembewusstsein, sondern auch an Forschungsdisziplinen, die mit Hilfe von langfristigen Datenreihen
und Prognosemodellen die gesellschaftliche Diskussion hätten
anstoßen können. Wird die Entwicklung zu stoppen sein? Mit Sicherheit, denn die Agrarwissenschaften haben die Notwendigkeit
eines Paradigmenwechsels längst erkannt. Davon zeugen zahlreiche
wegweisende kollektive Berichte und Publikationen, von denen im
nächsten Kapitel noch die Rede sein wird. Zudem mischt sich die
Zivilgesellschaft lautstark in die Landwirtschaftspolitik ein. Und
die Vertreter der Bäuerinnen und Bauern suchen den Dialog mit ihr.

Die Gesellschaft und die Landwirtschaft entfremden sich voneinander

——————————————————— oder

Eine Chronologie der wachsenden Kritik

Kapitel 5

„Business as usual is not an option."

Weltagrarbericht (2008)

Es begann mit einem Paukenschlag: Das Buch *Silent Spring* der Biologin Rachel Carson löste 1962 weltweit eine starke Umweltbewegung aus. Die Universitäten und staatlichen Forschungsinstitute entdeckten in der Folge die Agrarökologie und die biologische Schädlingsbekämpfung als praktische Forschungsdisziplinen. Und die wenigen Biobauern und Biogärtnerinnen erlebten erstmals ein reges Interesse der Medien. Ihre Erfahrungen im pestizidfreien Anbau waren gefragt. Das populärwissenschaftliche Sachbuch Carsons veränderte die Wahrnehmung des chemischen Pflanzenschutzes radikal, die von ihr angestoßene Diskussion dauert bis heute an. Nicht zu Unrecht gehört Carson zu den einflussreichsten Persönlichkeiten des 20. Jahrhunderts. So verlangten in der Schweiz zwei Volksabstimmungen, dass die Regierung nur noch Direktzahlungen an jene Bäuerinnen und Bauern vornimmt, die keinen chemischen Pflanzenschutz betreiben. Die EU-Kommission setzt mit dem 2019 angekündigten „Green Deal" ebenfalls konsequent auf eine massive Reduktion des chemischen Pflanzenschutzes in der Landwirtschaft.

Viele der von Carson kritisierten Substanzen, darunter das Insektizid Dichlordiphenyltrichlorethan, kurz DDT, sind mittlerweile verboten oder nicht mehr zugelassen. Sie werden teilweise aber noch in der tropischen Landwirtschaft angewendet. Selbst DDT wird immer noch eingesetzt, und zwar gegen die weibliche Anopheles-Mücke, die Malaria überträgt. Gerade die großen Unterschiede beim chemischen Pflanzenschutz zwischen gemäßigten Klimazonen und den Tropen zeigen, wie dringend gut funktionierende Systemansätze, wie es der Biolandbau oder die Agrarökologie sind, für ihre Anwendung in der tropischen Landwirtschaft erforscht und weiterentwickelt werden müssen.

Ein Paradigmenwechsel fand auch in der chemischen Industrie statt. DDT, das zwar selektiv für Insekten toxisch ist, für Warmblüter aber als unbedenklich gilt, reicherte sich wegen seiner chemischen Stabilität und guten Fettlöslichkeit im Gewebe von Menschen und von Tieren am Ende der Nahrungskette an. Erstmals untersuchte man deshalb diese Nahrungsketten in ihrer Gesamtheit – mit der Erkenntnis, dass einige der Abbauprodukte des Insektizids als endokrine Disruptoren wirken, das heißt hormonähnliche Wirkung haben. Als Folge davon stillten Mütter ihre Babys mit kontaminierter Brustmilch. Und Greifvögel legten Eier mit dünneren Schalen, was zu erheblichen Einbrüchen im Bestand führte. Die als Konsequenz ab den 1970er Jahren entwickelten chemischen Pestizide waren in der Regel wasserlöslich und besser abbaubar. Tierische und menschliche Organismen konnten so Rückstände über die Nieren ausscheiden und akkumulierten sie nicht mehr im Fettgewebe. Wodurch wiederum ganz andere Probleme entstehen sollten: Pflanzenschutzmittel und ihre Abbauprodukte tauchten in den Umweltmedien Boden und Wasser sowie durch Aerosole auch in der Luft auf.

Als Nachwirkung des Buches *Silent Spring* ist der chemische Pflanzenschutz für die Konsumentinnen und Konsumenten heutzutage ein Reizthema. Die Ablehnung der Bevölkerung geht nicht zurück, im Gegenteil, sie lebt immer wieder auf und wird sogar stärker. So zum Beispiel im Jahr 2017 mit Veröffentlichung der Studie *More Than 75 Percent Decline over 27 Years in Total Flying Insect Biomass in Protected Areas*, die von einer Gruppe von exzellenten privaten Insektenforschenden aus Krefeld in Nordrhein-Westfalen durchgeführt wurde.

Wesentlich zum sich anbahnenden Untergang der chemischen Pestizide beigetragen haben aber auch die Fortschritte der wissenschaftlichen Analytik. Während man vor 60 Jahren Rückstände noch in Tausendstelgramm (Mikrogramm) maß, misst man heute in Milliardstelgramm (Nanogramm). Wodurch Rückstände in einer eine Million Mal niedrigeren Konzentration messbar sind. Damit sind chemische Substanzen allgegenwärtig auffindbar geworden und das sprichwörtliche Stück Würfelzucker im Bodensee verursacht einen gewaltigen Ausschlag am Messgerät. Das Interessanteste daran ist, dass man biologische Wirkungen, zum Beispiel das Wachstum von Wasserorganismen, mit steigenden Konzentrationen von chemischen Substanzen in Korrelation setzen kann – etwas, das noch vor Kurzem im Bereich des nicht Nachweisbaren lag. So haben wir gelernt, dass die äußerst artenreiche Süßwasserfauna, darunter Eintagsfliegen, Köcherfliegen, Muschelkrebse, Zuckmückenlarven und Fadenwürmer, besonders empfindlich ist. Auch Fische in frühen Entwicklungsstadien können bereits bei geringen Spuren Schaden nehmen.

Die enormen Entwicklungsschritte in der Analytik verändern unsere Sicht auf viele Lebensprozesse von Organismen und darauf, wie diese mit natürlichen und anthropogenen Stoffen umgehen. Diese erweiterte naturwissenschaftliche Betrachtungsweise wird vieles entzaubern, weil es messbar wird, aber wohl auch vieles entdämonisieren. Denn Halbwissen verursacht oft große Unsicherheit.

Die Kritik der Wissenschaft an der intensiven konventionellen Landwirtschaft nahm zu Beginn des 21. Jahrhunderts Fahrt auf. Drei bedeutende Arbeiten von großen wissenschaftlichen Expertengruppen rüttelten die Weltbevölkerung auf. So wurde im Jahr 2005, nach fünfjähriger Arbeit, von 1.360 Wissenschaftlerinnen und Wissenschaftlern die Studie *Millennium Ecosystem Assessment* publiziert. Initiiert wurde das Projekt von UNO-Generalsekretär Kofi Annan. Der revolutionär neue Ansatz, der bei dieser Metaanalyse der bestehenden Literatur verwendet wurde, war die konsequent anthropozentrische Sicht auf die Ökosystemdienstleistungen. Die vier Gruppen von Dienstleistungen, die definiert wurden, stellen die Nutzenstiftung, das heißt die Vorteile für den Menschen in den Vordergrund. Damit wurde die direkte Abhängigkeit einer prosperierenden Menschheit von den Ökosystemen deutlich. Deren Schutz ist somit nicht nur eine philanthropische Tat. Die Idee der Nutzenstiftung wurde in den folgenden Jahren zu einer Ökonomie der Dienstleistungen der Ökosysteme weiterentwickelt und in Milliarden Dollar ausgedrückt. Das trug ihr die Kritik ein, sie führe zu einer totalen Merkantilisierung der Natur. Der Wert der Natur sei aber in ihrem umfassenden Verständnis weder in einer Nutzenstiftung für den Menschen noch in einem Geldwert auszudrücken.

Im *Millennium Ecosystem Assessment* wurden vier Dienstleistungskategorien definiert und als gleichwertig dargestellt: die unterstützenden (z. B. die Bildung von fruchtbaren Böden oder die genetische Vielfalt), die bereitstellenden (Nahrung, Wasser, Holz, Fasern oder

Heilpflanzen), die regulierenden (etwa der Hochwasserschutz und die Abfederung der Auswirkungen des Klimawandels) und die kulturellen (z. B. die Landschaft als Erholungsraum). Dieser fundamentale Wechsel in der wissenschaftlichen Sichtweise wirkte sich in der Folge auf nationale und internationale Debatten aus. Die Experten kamen zu dem Schluss, dass der Mensch die Ökosysteme in den letzten 50 Jahren schneller und stärker verändert hatte als je zuvor in der Geschichte der Menschheit. Die Erzeugung von Lebensmitteln, Trinkwasser, Bauholz, Faserpflanzen und Energie war Triebfeder dieser Veränderungen. Sie sind teilweise nicht mehr rückgängig zu machen. Insbesondere die Biodiversität auf unserem Planeten ist durch die wirtschaftliche Tätigkeit des Menschen stark reduziert.

Der im Jahr 2008 von über 400 Wissenschaftlerinnen und Wissenschaftlern veröffentlichte *Weltagrarbericht* (auf Englisch: *International Assessment of Agricultural Knowledge, Science and Technology for Development*, kurz *IAASTD*) beschäftigte sich mit dem Wissen, der Forschung und der Technologie in der Landwirtschaft. Die Autorinnen und Autoren empfahlen, das landwirtschaftliche Wissenssystem konsequent auf Nachhaltigkeit auszurichten und die verschiedenen Fachdisziplinen im Kontext von funktionierenden Gesamtsystemen auszuüben. Der Verlust der Fähigkeit, alle Wechselwirkungen in einer Landschaft, auf einem Landwirtschaftsbetrieb und entlang der Nahrungskette zu erkennen, führte laut ihrer Analyse dazu, dass kurzfristige und kurzsichtige Maßnahmen und Spezialisierungen nicht nur die einzelnen Betriebe instabil gemacht hätten, sondern die Landwirtschaft als Ganzes ökonomisch, ökologisch und sozial in Schieflage geraten sei.

Eine wichtige Rolle für die Zukunft wurde der Agrarökologie zugesprochen. Deren Konzepte basieren auf der Förderung der natürlichen Vielfalt in den und um die pflanzlichen Kulturen. Neben der Vielfalt an Kulturen, die auf einem Betrieb angebaut werden, sind auch Mischanbau, die Begleitflora in Form von kontrollierter Verunkrautung oder Hecken und Buntbrachen wichtig. Letztere sind Teil der produktiven Ackerflächen, geben keinen Ertrag, dafür aber – dank einer geschickten Mischung aus ein- und mehrjährigen Pflanzen – dauerhaft Pollen und Nektar. Neue Anbausysteme wie die Permakultur oder die Agroforstsysteme, die vor allem in den Tropen eine große Bedeutung erlangen könnten, sind durch Forschung und Beratung zu entwickeln. Solche Anbausysteme nutzen den beschränkten Raum eines Ackers dreidimensional, weil Baum-, Strauch- und Krautschicht aus verschiedenen Bodentiefen Wasser und Nährstoffe holen und mit ihren Blättern in verschiedenen Höhen das Sonnenlicht zur Assimilation nutzen. Wichtig sind bei agrarökologischen Anbausystemen die Förderung der Bodenfruchtbarkeit und die Integration von Tierhaltung und Pflanzenbau zwecks Schließung der Stoffkreisläufe. All diese Techniken können erfolgreich sein, wenn sie das lokal vorhandene bäuerliche Wissen nutzen und weiterentwickeln. Bäuerinnen und Bauern in Lateinamerika, Afrika und Asien schließen sich zu agrarökologischen Initiativen zusammen, organisieren sich den Zugang zu den Märkten, verteidigen ihre Rechte und verbessern gemeinsam ihre ökonomische Situation. Damit ist Fortschritt durch eine verbesserte Nutzung des natürlichen, sozialen und menschlichen Kapitals möglich und die einseitige Abhängigkeit vom ökonomischen Kapital, die in Krisenzeiten existenzbedrohend sein kann, wird deutlich verringert.

49

Der *IAASTD*-Bericht forderte auch ein besseres Gleichgewicht zwischen der Globalisierung des Agrarhandels und lokaler Entwicklungsdynamik – frei nach dem afrikanischen Sprichwort: Wenn viele kleine Leute an vielen kleinen Orten viele kleine Dinge tun, werden sie die Welt verändern. Das hatte zur Folge, dass die Industrieländer und ihre multinationalen Großkonzerne seit 2016 Mitverantwortung für die Erreichung der UNO-Ziele einer nachhaltigen Entwicklung *(Sustainable Development Goals, SDGs)* übernehmen müssen. Ohne Änderungen im Welthandel (z. B. Regeln für den Umweltschutz, faire Preise für Kleinbauern), in der Wirtschaftsentwicklung und im Umgang mit geistigem Eigentum (etwa bei Patenten auf Saatgut) wird das aber nicht gehen.

Der *Weltagrarbericht* hat seither die Frage des Zugangs zu und der Nutzung von Wissen (Open Access und Open Source) zu einem Schlüsselthema für die Überwindung von Armut und die Beendigung des Hungers gemacht. Das ist auch teilweise in die Nachhaltigkeitsziele der UNO für das Jahr 2030 eingeflossen. Man sollte aber nicht übersehen, dass diese Frage ein gesellschaftlicher

Brandherd ist, denn was treibt einzelne Menschen, Gruppierungen der Zivilgesellschaft und wirtschaftlich tätige Unternehmen an, Außerordentliches zu leisten? Die Möglichkeit, Wissen exklusiv zu nutzen. Das lässt sich selbst bei ursprünglich ideellen Anliegen beobachten. Die erfolgreichsten und wohlhabendsten Bioorganisationen in Europa sind die Bio Suisse und der Bioland-Verband, die über ein geschütztes Warenzeichen verfügen und dieses über ein kompliziertes Vertrags- und Zertifizierungssystem am Markt durchsetzen. Die österreichischen Biobäuerinnen und Biobauern und deren Dachverband Bio Austria haben diesen Weg vor 30 Jahren bewusst nicht eingeschlagen und dadurch viel Einfluss an die Wirtschaft abgegeben.

Um die ideellen Ziele des Biolandbaus zu erreichen, die Bäuerinnen und Bauern auf der ganzen Welt zum Wohle der Umwelt und des Menschen vorantreiben, bräuchte es diese privatwirtschaftlichen Markenzeichen aber nicht. Denn seit 1992, als die EU-Ökoverordnung in Kraft getreten ist, regelt eine rasch steigende Zahl von Regierungen den Biolandbau staatlich. Und diese Regierungen verankern dabei auch ideelle und ethische Ziele in Verordnungen. Nicht, dass ich falsch verstanden werde: Markenschutz, Zertifizierung und erfolgreiche Biomärkte haben mich mein Leben lang fasziniert und beschäftigt. Trotzdem ist es notwendig sich zu vergegenwärtigen, dass auch der Erfolg der Biomärkte auf der Privatisierung von Wissen beruht – einem der Eckpfeiler des modernen Kapitalismus.

Spezielles Augenmerk legt der *IAASTD*-Bericht auch auf die Stärkung der Rechte von Frauen in der Landwirtschaft. Sie spielen für die Ernährungssicherheit und -souveränität eine entscheidende Rolle.

Eine dritte wichtige Expertenrunde, jene um die beiden schwedischen Wissenschaftler Johan Rockström und Will Steffen, beschäftigte sich schließlich in den bahnbrechenden Publikationen *Planetary Boundaries: Exploring the Safe Operating Space for Humanity* und *Planetary Boundaries: Guiding Human Development on a Changing Planet* mit den Fragen, inwieweit die Stabilität unseres Planeten bereits durch die ökologischen Veränderungen beeinträchtigt ist und wo als Erstes risikoreiche Entwicklungen drohen.

Die Wissenschaftler verständigten sich auf neun biophysikalische Teilsysteme respektive Stoffkreisläufe, die bei starken negativen Veränderungen zu abrupten globalen Effekten mit negativen Auswirkungen auf die Lebensbedingungen vieler Menschen führen. Es sind dies: der Klimawandel, die Versauerung der Ozeane, der Abbau der Ozonschicht, die Stoffkreisläufe mit Stickstoff und Phosphor, der globale Süßwasserverbrauch, die Änderung der Landnutzung (z. B. das Abholzen von Regenwäldern), das Artensterben, die atmosphärischen Aerosole (kleine Partikel in der Luft) und die Verschmutzung durch Chemikalien.

Ein kurzer Blick auf diese Problemzonen zeigt, dass die Landwirtschaft und die Ernährung wichtige Störfaktoren in diesen biophysikalischen Teilsystemen sind. Am Klimawandel sind diese mit über 40 Prozent beteiligt. Für die Eutrophierung, also die Anreicherung von Böden, Gewässern und Meeren mit Stickstoff und Phosphor, ist die Landwirtschaft die Hauptursache. Die Schäden sind schon heute immens und es besteht ein hohes Risiko für die Stabilität des Planeten. Weltweit nehmen besonders Küstenzonen Schaden durch den Eintrag großer Mengen der beiden Düngerstoffe, was zum Absterben der reichhaltigen Wasserflora und -fauna geführt hat. Grundsätzlich leiden Mikroben, Pflanzen und Kleintiere der Oberflächengewässer trotz vieler Gegenmaßnahmen unter der Belastung durch Düngung und Pflanzenschutz seitens der Landwirtschaft. Die Filterfunktion von wenig fruchtbaren und verdichteten Böden ist deutlich eingeschränkt. Schwere Geräte und Maschinen, nicht genug organisches Material wie Mist und Kompost im Kreislauf und zu wenige Pflanzenwurzeln von Beikräutern, Klee und Futterpflanzen – all das wirkt einer lockeren und gut durchlüfteten Bodenstruktur entgegen. Auch der Verlust von biologischer Vielfalt, der sich an der Geschwindigkeit des Aussterbens von Arten messen lässt, hat vorwiegend mit der Landwirtschaft zu tun. Auch hier besteht für den Planeten ein potenziell hohes Risiko.

Zu guter Letzt: Es ist hauptsächlich die Landwirtschaft, die zu Landnutzungsänderungen führt, die deutliche ökologische Konsequenzen haben. Wie dramatisch das sein kann, zeigt das Beispiel Indonesiens, wo 100.000 Quadratkilometer Moorgebiete trockengelegt wurden, um darauf Palmölplantagen zu pflanzen. Die täglich auf dieser Fläche durch rasche Veratmung und Selbstentzündung aus dem Torf freigesetzte Menge Kohlenstoff ist größer als jene der Klimagase der gesamten Europäischen Union. Im Wissenschaftsmagazin *Nature* hat eine Gruppe britischer und kongolesischer Wissenschaftler vor wenigen Jahren über die Entdeckung eines Hochmoores im Kongo, Cuvette Centrale genannt, berichtet, das dreimal so groß ist wie die Schweiz. Folgte der Kongo dem Beispiel der Schweiz, die in der Vergangenheit 90 Prozent aller Moorgebiete für die Landwirtschaft entwässert und trockengelegt hat, würden potenziell rund 30 Milliarden Tonnen Kohlenstoff freigesetzt werden. Das entspricht jener Menge, die die USA im Verlauf von 20 Jahren in Form von Kohlendioxid (CO_2) ausgestoßen haben. Klimaveränderungen wie etwa häufigere Trockenheit, aber auch die Landwirtschaft und die Palmölindustrie respektive der Hunger der Lebensmittel verarbeitenden Industrie nach qualitativ hochwertigen, leicht zu verarbeitenden Rohstoffen könnten diese problematische Entwicklung beschleunigen.

Wenn man *Silent Spring* als Beginn einer wichtigen Diskussion nimmt, hat sich die Sicht der Wissenschaften auf Landwirtschaft und Ernährung in nur 60 Jahren radikal verändert. Die biologisch wirtschaftenden Bäuerinnen und Bauern, aber auch viele kleinbäuerliche Betriebe, die sich in erster Linie selbst versorgten und nachhaltig suffizient waren, nahmen im täglichen Umgang mit ihren Böden, Pflanzen und Tieren den Erkenntnisprozess der Wissenschaften vorweg. Darin besteht ihre Pionierarbeit. Und die Biobäuerinnen und Biobauern sind von der Erkenntnis zum Handeln übergegangen. Das Handeln ist heutzutage oft ein Defizit: Wir wissen viel, aber wir handeln nicht danach. Landwirte, wirtschaftliche Unternehmerinnen, Konsumenten und Bürgerinnen sitzen dabei alle im selben Boot. Die neue Herausforderung ist also die Transformation der Ernährung und der Landwirtschaft, damit diese wirklich nachhaltig werden. Wir sehen uns deshalb das Erfolgskonzept Biolandbau etwas näher an.

Die Mutter aller alternativen Entwicklungen

oder

Warum der Biolandbau entstand und wie er zum Katalysator der Zukunft wurde

Kapitel 6

„Die Indizien nehmen rasch zu, dass ein fruchtbarer Boden gesunde Pflanzen, gesunde Tiere und gesunde Menschen fördert. Mindestens die Hälfte der Millionen, die jedes Jahr dafür verwendet werden, um alle drei vor Krankheiten zu beschützen, wären unnötig, wenn unsere Böden wieder instand gesetzt würden und die Bevölkerung sich von frischen Erzeugnissen von fruchtbarem Land ernährte."

Sir Albert Howard, Mein landwirtschaftliches Testament (1943)

Der Biolandbau setzte als erste landwirtschaftliche Bewegung bei den Schattenseiten der modernen Landwirtschaft an und entwickelte Alternativen. Fast zeitgleich mit der beginnenden Intensivierung der Landwirtschaft durch den Einsatz von Dünger und Pestiziden kritisierten die Pionierinnen und Pioniere deren Nebenwirkungen. Sie standen auf Kriegsfuß mit den aus ihrer Sicht chemiehörigen normalen Bauern. Auch Agrarwissenschaftler bekamen dabei ihr Fett ab. Die Biobauern bezichtigten diese, das Agrarwesen allein unter Gesichtspunkten von Ursache und Wirkung zu begreifen. Sie nannten es das „NPK-Denken": Bringe ich so und so viele Kilogramm Volldünger mit wasserlöslichem Stickstoff (im Periodensystem der Elemente mit dem Buchstaben N abgekürzt), Phosphor und Kalium aus, dann ernte ich so und so viel mehr Kartoffeln. Für die Biobauern waren diese Pflanzen wie schwerkranke Menschen, die an einer Infusion hängen.

Diese kausalistische Wissenschaft hatte etwas Deterministisches und gleichzeitig etwas Vorausplanbares. Der Einzug der Agrarwissenschaften in der Landwirtschaft, die über Jahrhunderte hinweg etwas Unberechenbares, manchmal Bedrohliches, immer aber auch etwas Religiöses gehabt hatte, war deshalb ein radikaler Wechsel. Viele Rituale und Traditionen der Menschen rankten sich um den Jahresverlauf von Bodenruhe, Saatbeetvorbereitung, Reife- und Erntezeit sowie Einlagerung der Ernte für den Winter. So war der Johannistag, der 24. Juni, der die Tradition des heidnischen Sonnwendfestes weiterführte, für das Jahreswetter ein wichtiger

Stichtag und bestimmte darüber, ob es gute oder schlechte Ernten geben würde. Oder wie es Jacob Grimm in der *Deutschen Mythologie* ausdrückte: „Alte Frauen pflücken Kräuter am Johannistag mittag zwischen 12 und 1, wo sie allein Kraft haben."

Auch das Erntedankfest im Herbst hat einen sehr hohen Stellenwert – nicht nur in der christlichen Kultur. Es wird seit Menschengedenken in allen Religionen gefeiert. Seine besondere Bedeutung kommt auch in der Bezeichnung Demeter zum Ausdruck, die für Lebensmittel aus biologisch-dynamischer Landwirtschaft verwendet wird. Aus der griechischen Mythologie ist überliefert, dass die Göttin Demeter den Boden aus Zorn unfruchtbar machte, weil Hades, der Herrscher der Unterwelt, ihre Tochter Persephone geraubt hatte – unter Duldung von deren Vater Zeus. In Sorge um die Menschheit und wegen der Unruhe, die unter den Göttern deshalb aufkam, forderte Zeus Hades schließlich auf, Persephone wieder freizugeben. Da diese in der Unterwelt aber Granatapfelkerne gegessen, also von der Speise der Toten gekostet hatte, konnte sie fortan nur noch einen Teil des Jahres bei ihrer Mutter auf der Erde verbringen. Zumindest in dieser Zeit, im Sommer, war der Boden daraufhin wieder fruchtbar. Das Erntedankfest soll seither dafür sorgen, dass Demeter günstig gestimmt bleibt.

Die Entzauberung der Landwirtschaft durch die Agrarwissenschaften, die sich in den letzten 150 Jahren beschleunigte, löste bei einem Teil der eher traditionell oder religiös denkenden Menschen Unbehagen aus. Und ökologisch ausgebildete Wissenschaftler erkannten auch, dass die Kausaltheorie, die sich stets um Ursache und Wirkung drehte, der Komplexität von agrarökologischen Systemen und der Steuerung in Regelkreisen nicht gerecht wurde. Aus solch unterschiedlichen Ansätzen entstand der Biolandbau. Die frühen Biobauern stützten sich deshalb auf Aristoteles und sein verkürztes Zitat aus der Metaphysik: „Das Ganze ist mehr als die Summe seiner Teile" stand sinnbildlich für ein frühes Systemverständnis. Diese Denkweise war für die damalige Zeit geradezu revolutionär und die Tatsache, dass Landwirte sie in ihre bäuerliche Praxis einbezogen, ist phänomenal.

In den letzten 60 Jahren hat sich das Systemverständnis in den biologischen und ökologischen Wissenschaften ganz allgemein enorm entwickelt und es beeinflusst die heutigen Agrarwissenschaften stark. In einem unterscheidet sich die Biobewegung aber immer noch von den reinen Naturwissenschaften: Manche ihrer Vertreter führen nicht erklärbare Phänomene auf eine metaphysische Kraft zurück oder sehen paranormale Phänomene als Teil ihres Berufs. So werden im Biolandbau auch einzelne Fragen der Grenzgebiete der Wissenschaften mit besonderem Interesse beforscht. Beispiele dafür sind die Homöopathie in der Tiergesundheit und die Wirkung von biologisch-dynamischen Präparaten auf die Verrottung von Kompost, die Bodenfruchtbarkeit und die Qualität von Lebensmitteln. Viele Spitzenwinzer in Europa, den USA und Australien haben zum Beispiel auf biologisch-dynamischen Weinbau umgestellt und schwören zur weiteren Qualitätssteigerung auf die neuen biologisch-dynamischen Präparate, die im Feld oder über dem Kompost ausgebracht werden. In 50 Jahren wissenschaftlicher Forschung fanden signifikante Effekte dieser Präparate, die in starker Verdünnung angewendet werden, bisher aber keine Bestätigung.

Für die meisten Agrarwissenschaftler sind hingegen noch unerklärbare Effekte – ganz trivial – der Stand des momentanen Unwissens. Mit jeder zusätzlichen Forschungsanstrengung wird dieses kleiner. Und tatsächlich scheinen sie damit recht zu behalten. Der rasche Fortschritt in der Molekularbiologie, in den Nanowissenschaften sowie in der Bewältigung einer riesigen Menge von Analysen und dabei anfallenden Daten lässt das Nichtwissen jeden Tag schrumpfen. Was nicht unbedingt bei allen erwünscht ist, denn gerade bei so ursprünglichen Beschäftigungen wie jenen, das Land zu bearbeiten, zu säen und zu ernten, möchten viele Menschen noch einen gewissen Zauber verspüren.

Die Wurzeln der biologischen Landwirtschaft liegen in sozialen Bewegungen der ersten Hälfte des 20. Jahrhunderts. Der „Natürliche Landbau" war eine Reaktion auf die rasche Industrialisierung in England ab Mitte des 18. und in Deutschland in der ersten Hälfte des 19. Jahrhunderts. Dies führte zu einem wachsenden städtischen Proletariat und zur Abkehr von der Subsistenzlandwirtschaft. Die arbeitenden Menschen mussten mit Lebensmitteln fremdversorgt werden. Laut Tim Lang, Professor für Lebensmittelpolitik an der University of London, wurden Bauern im Umland von Manchester im frühen 18. Jahrhundert erstmals staatliche Subventionen aus-bezahlt, damit sie billige Lebensmittel für die schlecht bezahlten Industriearbeiter liefern konnten.

Die prekären Lebensbedingungen in den urbanen Zentren und die mangelhafte Versorgung mit Nahrungsmitteln haben nach einer agrargeschichtlichen Studie von Gunter Vogt, dargestellt in sei-nem Buch *Entstehung und Entwicklung des ökologischen Landbaus im deutschsprachigen Raum*, zu den ersten „Aussteigern" geführt. Die Lebensreformbewegung, vegetarische Ernährung oder natürlicher Landbau kamen zu Beginn des 20. Jahrhunderts auf. Bereits 1893 wurde zum Beispiel in Oranienburg bei Berlin die Obstbausiedlung Eden gegründet. Rund um 1900 wurde ein Hügel im damals ärm-lichen Schweizer Tessin, der Monte Verità – er befindet sich heute auf dem Gemeindegebiet von Ascona –, von betuchteren euro-päischen Aussiedlern, Lebensreformern, Pazifistinnen, Künstlern, Schriftstellerinnen sowie Anhängern unterschiedlicher alternativer Bewegungen in Beschlag genommen.

In der Folge rebellierten überall auf der Welt kleine Bauerngrup-pen gegen das gängige Paradigma der Agrarwissenschaften. Und natürlich gehörten auch immer Gurus zu diesen Gruppen. Inter-essanterweise trafen sich diese Gurus, die alle zwischen 1920 und 1970 wirkten, nicht oder nur durch Zufall. Eine eigentliche gemein-same Bewegung des Biolandbaus entstand erst mit der Gründung der *International Federation of Organic Agriculture Movements*, heute IFOAM – Organics International, im Jahr 1973. Richtig los ging es dann mit den beiden internationalen Forschungskonferenzen in Seengen (1976) und Sissach (1977), beide in der Schweiz, die vom frisch gegründeten Forschungsinstitut für biologischen Landbau FiBL und dessen erstem Leiter, Hartmut Vogtmann, organisiert worden waren. Seither ist die Biobewegung zu einer stark globali-sierten Bewegung geworden. Rohstoffe, verarbeitete Lebensmittel, Richtlinien, Zertifikate, Wissen und Menschen kreisen ständig rund um die Welt. Ob die sehr lokal denkenden und wirkenden Pioniere dies gut gefunden hätten, ist nicht mehr zu beantworten. Sie hätten sich über die Entwicklung wohl gewundert. Denn ihre Ideen, heute alle in den Begriffen ökologischer, biologischer oder organischer Landbau amalgamiert, hätten unterschiedlicher nicht sein können.

Da war einerseits der Österreicher Rudolf Steiner mit seiner biologisch-dynamischen Landwirtschaft. Sie begründete die Anthro-
posophie, die für ihn eine wissenschaftliche Erforschung der geistigen Welt war, ein Versuch, in übersinnliche Sphären vorzustoßen.
Er sah sie als Ergänzung zur reinen Naturbetrachtung, also als eine
bedeutende Erweiterung der Naturwissenschaften. Die meisten
von Steiners Ideen wollten die organisch-biologischen Pioniere,
die später aufkamen, nicht übernehmen, was in den Anfängen zu
einer Rivalität zwischen den beiden Richtungen des Biolandbaus
führte. In der praktischen biologisch-dynamischen Landwirtschaft
war die Anwendung der neuen Präparate das sichtbarste Zeichen
der „übersinnlichen Sphäre". Diese Hornmist-, Hornkiesel- und
Kompostpräparate sind heute noch von 500 bis 507 durchnum-
meriert. In weiterer Folge beeinflusste das Verständnis des landwirtschaftlichen Betriebs als Organismus mit einer ausgeprägten
Individualität das Leben der Bäuerinnen und Bauern. Dies kann
durchaus auch modern als Systemtheorie der Landschaft und der
landwirtschaftlichen Betriebe in ihr übersetzt werden. Zudem ist der
Hinweis auf die Individualität sehr wichtig, weil der Erfolg in der
Landwirtschaft nicht nur von der Technik und vom zur Verfügung
stehenden ökonomischen und natürlichen Kapital, sondern vor
allem von jener Person abhängig ist, die den Betrieb leitet. Individualität kann deshalb bei Steiner als eine Metapher für das in der
heutigen ökonomisierten Sprache so genannte menschliche Kapital
gesehen werden.

Die organisch-biologischen Vordenker Hans und Maria Müller
aus der Schweiz sowie Hans-Peter Rusch aus Deutschland beschäf-
tigten sich dagegen mit ganz handfesten Praktiken. Im Zentrum
stand stets die Bodenfruchtbarkeit, die es durch organische Dünger
aus der Tierhaltung oder durch den Anbau diverser Kleearten zu
erhöhen galt. Sie empfahlen ein eher flaches Pflügen, um die Unkräuter in Schach zu halten und den Mist nur leicht einzuarbeiten.
Daraus entwickelte sich ein neues Gleichgewicht im Boden, das die
Gesundheit der Pflanzen förderte und diese gegenüber Unkräutern
stärkte.

Im Gegensatz dazu nutzte der Japaner Masanobu Fukuoka weder
tierische Dünger (die für ihn Pflanzenkrankheiten förderten) noch

Kompost, sondern nur Kleearten, die er zwischen Getreide und Reis ansäte. Außerdem verbannte er den Pflug gänzlich aus seinen Feldern. Die dadurch entstandene stabile Schichtung des Bodens mit einem reichen Bodenleben ernährte die Pflanzen.

Wiederum andere Wege ging der Engländer Sir Albert Howard. Er entwickelte einen superaktiven Kompost, der das Immunsystem der Pflanzen aktivierte und so Krankheiten abwehrte. Oder die Engländerin Lady Eve Balfour, die feststellte, dass gewisse Wurzelbakterien im Boden so gefördert werden konnten, dass – entgegen der damals gängigen Lehrmeinung – stets wieder genügend Phosphor aus dem Boden nachgeliefert wurde. Lady Balfour war eine sehr eigenwillige Person, sie nahm es nicht nur mit der ganzen wissenschaftlichen Gemeinschaft auf, sondern kämpfte zusammen mit ihrer Freundin auch für die Rechte der Frauen.

Großen Einfluss hatten auch zwei französische Pioniere: der Getreidehändler Raoul Lemaire und der Agronom Jean Boucher. Sie empfahlen den Bauern, ihre Getreideböden mit Meeresalgen zu düngen. Dazu verwendeten sie vor allem die artenreiche Gruppe der Kalkrotalgen *Corallinaceae*. Was aber für die Zukunft viel wichtiger sein sollte: Die französischen Biobauern arbeiteten von Anfang an mit den Konsumentinnen und Konsumenten zusammen – sowohl bei der Entwicklung von Richtlinien als auch bei der Vermarktung ihrer Produkte. Diese unterschiedliche Kultur ist bis heute spürbar.

Möchte man zusammenfassend die Kernidee des Biolandbaus formulieren, führt einen das wieder zu Sir Albert Howard. Er schrieb 1943: „Die Pflanzen und Tiere, die der Mensch nutzt, achten auf sich selbst. Die Natur hat es nie für nötig befunden, so etwas wie eine Feldspritze zu entwickeln und das Gift dafür, um Insekten oder Krankheiten zu beherrschen. In der Natur gibt es keinen Impfstoff, kein Serum, um Tiere zu schützen. Es stimmt, dass bei Pflanzen und Tieren im Wald alle möglichen Krankheiten gefunden werden können, aber sie nehmen nie ein großes Ausmaß an. Der Grund dafür ist, dass sich Pflanzen und Tiere sehr gut selbst schützen können, auch wenn sich Parasiten in ihrer Mitte finden. Die Regel, an der sich die Natur in dieser Sache orientiert, ist zu leben und leben zu lassen." *(Übersetzung durch den Autor)*

Dieses Konzept ist sehr stark von der Philosophie Jean-Jacques Rousseaus (1712–1778) geprägt, der ein idealisierendes Naturverständnis entwickelte, welches wir heute noch unter dem Schlagwort *Retour à la nature* (auf Deutsch: zurück zur Natur) plakativ nutzen. Dieses Naturverständnis fand großen Widerhall in der Reformbewegung des frühen 20. Jahrhunderts, in der Intellektuelle vor den schrecklichen Verhältnissen in industrialisierten Großstädten – mit schlechter Luft, prekären Wohn- und Lebensbedingungen der Arbeiterfamilien, einseitiger Ernährung und schlimmen hygienischen Bedingungen – aufs Land flüchteten und zu gärtnern begannen.

60

Ebenso wichtig war der amerikanische Sozialwissenschaftler, Biologe, Ethnologe und Kybernetiker Gregory Bateson, der das theoretische Konzept der Selbstregulierung mit positiver und negativer Rückkoppelung entwickelte. Bei positiver Rückkoppelung schaukeln sich Probleme hoch, so wie das Hans Steiner vom Pflanzenschutzdienst Baden-Württemberg, Pionier des integrierten Pflanzenschutzes, an Apfelschädlingen eindrücklich zeigte. Wurden Blattläuse etwa radikal und mit nicht selektiven Insektiziden bekämpft, verursachte dies ständig größer werdende Probleme. Negative Rückkoppelungen führten hingegen zu einer Balance zwischen nützlichen und schädlichen Insekten.

Bateson begleitete seine Frau Margaret Mead bei ihren zahlreichen Forschungsaufenthalten im Südpazifik. Sie entwickelte ein idealisiertes Bild indigener Völker und ebnete mit ihren Studien zum Matriarchat und zur Sexualität den Weg für die Hippiebewegung. Ohne diese wäre der Biolandbau der vielen Pionierinnen und Pioniere, und ich habe hier nur ein paar wenige herausgegriffen, wohl ein Kuriosum geblieben. Denn die rebellierende Jugendbewegung von 1968 interessierte sich brennend für diese Art der Landwirtschaft. Es passte sehr gut zu ihren Idealen. Ich kann mich gut daran erinnern: Als ich mich mit 18 Jahren im Biolandbau umschaute, standen die eigentlichen Biobauern mit Wurzeln in der Landwirtschaft und die Städter, die aufs Land ziehen wollten, einander fremd gegenüber. Aber diese Kombination entfaltete eine große Kraft. Später, ab den 1990er Jahren, haben dann die Konsumentinnen und Konsumenten den Dirigierstab im Biolandbau übernommen.

Seit 1990 wuchs das Volumen des Weltmarkts für zertifizierte biologisch produzierte Lebensmittel laut den statistischen Angaben der deutschen Geografin Helga Willer von wenigen Dutzend Millionen Euro auf mehr als 100 Milliarden. Der starke Anstieg der Nachfrage hat zu einer starken Verwissenschaftlichung des Biolandbaus geführt. Als Zeitzeuge dieser Entwicklung, die eine Zeitspanne von über 40 Jahren abdeckte, durfte ich die faszinierende Wandlung und Zähmung einer ganz ursprünglichen Pionierbewegung erleben.

Bio kann sehr viel, aber (leider) nicht alles

Kapitel 7

„Die ökologische Landwirtschaft zeigt viele potenzielle Vorteile, insbesondere eine höhere Biodiversität und eine verbesserte Boden- und Wasserqualität pro Flächeneinheit, eine gesteigerte Rentabilität und einen höheren Nährwert. Es ergeben sich aber auch mögliche Nachteile wie niedrigere Erträge und höhere Konsumentenpreise." 63

Verena Seufert und Navin Ramankutty, Many Shades of Gray – The Context-Dependent Performance of Organic Agriculture 2017

Es spricht vieles dafür, einen radikalen Kurswechsel vorzunehmen. Der Biolandbau wäre ein solcher. Denn bezüglich Umweltschutz, natürlicher Vielfalt und Bodenschutz ist er ganz einfach gut, unschlagbar überlegen. Warum ich das weiß? Seit 40 Jahren findet in der Schweiz auf dem genossenschaftlichen Biobetrieb Birsmattehof in unmittelbarer Nähe des Unterbaselbieter Dorfes Oberwil, wo das FiBL seinen Anfang nahm und die IFOAM – Organics International einst beheimatet war, ein einmaliges Experiment statt. Auf dem fruchtbaren, tiefgründigen Lössboden des Leimentals werden auf großen Parzellen im wissenschaftlichen Design einer zufälligen Anordnung und mit vierfacher Wiederholung vier Anbausysteme miteinander verglichen. Die Parzellen sind wie Fenster, durch die man auf verschiedene Landwirtschaftsbetriebe sieht, die aber im Sinne der Vergleichbarkeit alle auf einem Feld liegen und den exakt gleichen Boden- und Wetterbedingungen ausgesetzt sind. Verglichen werden dabei ein biologisch-dynamischer, ein organisch-biologischer, ein integriert wirtschaftender (das entspricht einer ökologisch verbesserten konventionellen Landwirtschaft) und ein konventioneller Landwirtschaftsbetrieb nach dem gesetzlichen Standard. Alle Bewirtschaftungsformen haben die gleiche Abfolge von Feldfrüchten und bauen die gleichen Sorten an. Das Experiment heißt DOK, abgeleitet von dynamisch, organisch-biologisch und konventionell. Es wird gemeinsam vom privaten FiBL und vom staatlichen Forschungsinstitut Agroscope betrieben. Viele Dutzend junge Wissenschaftlerinnen und Wissenschaftler haben hier ihre

Karriere gestartet; es wurden Boden- und Pflanzenproben, Insekten, Pilzkrankheiten, Blattlaus- und Thripsfeinde, Regenwürmer und Käferarten gezählt, gemessen, gewogen und im Labor untersucht.

Nach mehr als 40 Jahren sind die Versuchsflächen wie ein Emmentaler. Mit Spaten, Bohrstöcken, Hohlmeißelbohrern, Pürckhauern und hydraulischen Anbaubohrgeräten wurden schon eine Million Erdproben genommen und dann ins Labor verfrachtet. Viele Hundert Berichte und wissenschaftliche Publikationen sind entstanden, nichts ist dem kritischen Auge entgangen.

Im Jahr 2002 publizierte der langjährige Versuchsleiter Paul Mäder gemeinsam mit Kolleginnen und Kollegen eine erste Zusammenfassung der Forschungsergebnisse in *Science*, einer der renommiertesten Wissenschaftszeitschriften. In aller Kürze: Die Erträge der angebauten Feldfrüchte Winterweizen, Wintergerste, Kartoffeln, Soja, Rote Beete respektive Weißkohl und – für das Vieh – Gras-Klee-Gemische lagen im Biolandbau bei 82 Prozent des Werts der konventionellen Landwirtschaft. Diese hohen Erträge wurden mit 96 Prozent weniger Pflanzenschutzmitteln und deutlich weniger Düngernährstoffen erreicht. Gemäß Biorichtlinien machte der leicht lösliche mineralische Stickstoff nur 35 Prozent der in der konventionellen Landwirtschaft üblichen Mengen aus und die Phosphor- und Kaliumdüngung nur 55 bis 60 Prozent. Die Nährstoffe im Biosystem kamen aus dem Mist und der Gülle der Tiere, die auf dem Gras-Klee-Gemisch ernährt wurden. Im Gegensatz zum konventionellen und integrierten Landbau wurden keine Handelsdünger zugeführt.

In den Bioböden waren 40 bis 80 Prozent mehr Regenwürmer zu finden und diese vermehrten sich besser, was anhand der Anzahl von Kokons (Wurmeier) gezeigt werden konnte. Selbst ungeübte Beobachter konnten die Unterschiede dank der vielen Regenwurmlosung an der Erdoberfläche erkennen. Der Regenwurm frisst sich buchstäblich durch den Boden und vermengt dabei die mineralische Erde mit dem organischen Material (Ernterückstände, Mist, Kompost) zu fruchtbarsten Erdkrümeln. Unterstützt wird er durch unzählige Bakterien und Pilze – bis zu einer Milliarde pro Gramm Boden. Durch ihre Enzyme machen sie Bodennährstoffe für die Pflanzen verfügbar, sie helfen bei Abbauprozessen und kitten stabile Bodenkrümel. In den biologisch bewirtschafteten Parzellen des DOK-Versuchs wiegen die gesamten im Oberboden eines Ackers lebenden Organismen pro Hektar (10.000 Quadratmeter) 40 Tonnen. In den konventionellen: 27 Tonnen, also nur etwas mehr als die Hälfte. Zum Vergleich: 40 Tonnen, das wären 57 ausgewachsene Schwarzbunte Kühe oder 35 ausgewachsene Zuchtbullen der Charolais-Rasse. Es herrscht also tatsächlich ein schönes Gedränge in einem biologisch bewirtschafteten Boden.

Und das Gedränge geht über dem Boden weiter, wo Käferarten und Spinnen in Bioparzellen in großer Zahl die Gesundheitspolizei spielen und unzählige Eier von Pflanzenschädlingen wie Blattläusen oder Thripsen fressen. Die nützlichen Gliedertiere verzehren täglich das Doppelte ihres Eigengewichts. Es sieht beeindruckend aus, wenn die Wissenschaftlerinnen und Wissenschaftler die regelmäßig gefangenen Tierchen in Reih und Glied mit Stecknadeln auf Brettern fixieren. Der Unterschied zwischen biologischer und konventioneller Landwirtschaft und die Bedeutung einer vielfältigen (und wunderschönen) Insektenwelt für die natürlichen Regulierungsprozesse in der Landwirtschaft werden jeder Betrachterin und jedem Betrachter sofort klar. Die drei für die Landwirte besonders wichtigen und nützlichen Tiergruppen, die Laufkäfer, die Kurzflügler und die Spinnen, sind auf den biologisch und biologisch-dynamisch gepflegten Parzellen in Populationen anzutreffen, die um 175 bis 220 Prozent größer sind als jene auf den konventionell bewirtschafteten Parzellen. Die Hauptursachen dafür sind, dass die Spritzmittel keinen Schaden anrichten, die organische Düngung den Lebensraum der Tiere aufwertet und die reichhaltige Unkrautflora Unterschlupf und Schutz gewährt.

Interessanterweise hielten sich Laufkäferarten mit sehr hohen Lebensraumansprüchen und solche, deren Existenz in den intensiv grünen Weizenfeldern bedroht ist, teilweise nur in den Bioparzellen des DOK-Versuches auf, obwohl sie ohne Weiteres in zehn Meter Entfernung auch in den integriert und konventionell bewirtschafteten Feldern Auslauf gefunden hätten. Unter diesen seltenen Arten sind zum Beispiel der Dunkelkäfer *(Laemostenus terricola)*, der Striemenkäfer *(Molops elatus)*, der Getreidelaufkäfer *(Zabrus tenebrioides)* oder der Kleine Rotstirnläufer *(Anisodactylus nemorivagus)* zu finden. Ich erwähne diese Arten nur für besonders interessierte Leserinnen und Leser und natürlich, um zu zeigen, dass die FiBL-Entomologen, die zu den besten Laufkäfer-Spezialisten Europas zählen, ganz genau hingeschaut haben.

Auf einem Biofeld funktionieren die natürlichen Nahrungsketten von Bakterien, Pilzen, Würmern und Insekten störungsfreier, obwohl auch der Biobauer mit grobem Geschütz wie Pflug, Striegel und Sämaschine auffährt. Der Einsatz von Herbiziden, Fungiziden, Insektiziden und Nematiziden auf dem Acker ist hingegen ein massiver Eingriff. Es handelt sich dabei eigentlich um eine Säuberungsaktion, die die Nahrungsketten wieder und wieder unterbricht. Am Ende der Kette stehen meist die Vögel, deren Tafel reicher oder weniger reich gedeckt ist. Es gibt verschiedene Untersuchungen von Vogelkundlern in England, Skandinavien, Deutschland und der Schweiz, die zeigen, dass der Biolandwirt die Fruchtbarkeit, den Bruterfolg und die Aufzucht von Vögeln positiv beeinflusst.

Die Anzahl von Studien weltweit, die die vorzügliche Nachhaltigkeit des Biolandbaus an unterschiedlichsten Standorten dokumentieren, ist mittlerweile groß. Viele Zusammenhänge sind ja offensichtlich. Die strengen Verbote in der chemischen Unkrautbekämpfung, im Pflanzenschutz und in der Wahl der Düngemittel entlasten Böden, Pflanzenwelt, Wasser und Luft. Andere positive Effekte treten als indirekte Folgen auf. Das Verbot der Herbizide zwingt die Landwirte etwa, den Fruchtwechsel so zu gestalten, dass der Ackerboden stets so gut wie möglich bedeckt ist, um die Keimung von Unkraut zu behindern. Dies schützt den Boden gegen Wetterextreme und verringert die Erosion durch Wind und Regen. Und dann gibt es Umweltvorteile, die bisher nur die besten Biobäuerinnen und Biobauern zu nutzen in der Lage sind, die Fähigkeit, Züchtung, Haltung, Fütterung, Melktechnik, Euterhygiene und vorbeugende komplementäre Gesundheitstherapien so fein aufeinander abzustimmen, dass Milch ohne Antibiotika im Stall erzeugt werden kann. Antibiotika stellen nämlich auch ein beachtliches Umweltproblem dar.

Verena Seufert und Navin Ramankutty von der University of British Columbia in Vancouver trugen in einer Publikation in der Zeitschrift *Nature* im Jahr 2017 fast alle Resultate aus den Hunderten von Studien zur „Güte" des Biolandbaus zusammen. Darunter waren natürlich auch der oben ausführlich beschriebene DOK-Versuch sowie weitere Studien des FiBL, etwa über die Humusanreicherung durch Biolandbau, über die Klimagasemissionen von Bio- und konventionellen Feldern oder über die Unterschiede in der Bodenfruchtbarkeit. Insgesamt gibt es in Europa, den USA, Kanada und Asien etwa 800 Studien, die sich mit der Wirkung des Biolandbaus und der konventionellen Landwirtschaft auf Boden, Wasser, biologische Vielfalt und Luft beschäftigt haben. Auf dem afrikanischen und dem südamerikanischen Kontinent gibt es hingegen nur wenige vergleichende Untersuchungen. Die Daten von dort haben eher den Charakter von Fallstudien. Während man in mehrjährigen wissenschaftlichen Experimenten einzelne Einflussfaktoren mit Zahlen belegen kann, haben Fallstudien den Nachteil, dass man nicht genau unterscheiden kann, ob eher das Wetter, der Boden, die natürliche Umgebung, das Engagement und das Fachwissen der Bäuerinnen und Bauern, die beratende Begleitung durch lokale oder internationale NGOs oder die Verkehrsinfrastruktur maßgebend waren. Oft spielen all diese Faktoren eine größere Rolle als der Unterschied zwischen biologischem und nicht-biologischem Anbau. Nichtsdestotrotz lässt sich selbst aus Fallstudien ableiten, dass der Biolandbau auch in tropischen Ländern ein großes Potenzial für eine ökologisch nachhaltige Landwirtschaft hat und auch in sozialer Hinsicht positive Impulse für die Bauernfamilien gibt. Mit Blick auf die Schlussfolgerung des zweiten Kapitels dieses Buches, dass Hunger vor allem die Folge eines Demokratiedefizits ist, kann die Förderung des Biolandbaus sogar eine zentrale Rolle übernehmen.

Seufert und Ramankutty haben sich auch mit den Studien zur Ernährungsqualität von Bioprodukten und zu sozialen Aspekten in der Landwirtschaft beschäftigt. Wie auch mit jenen zu Wirtschaftlichkeit und sozialen Bedingungen in Biobetrieben. Überall schneidet der Biolandbau gut ab. Für gewisse Indikatoren gibt es mehr Studien, das heißt, die positiven Wirkungen können verallgemeinert werden, für andere nur wenige, sodass man sie eher vorsichtig interpretieren muss. Die zentrale Herausforderung und gleichzeitig die Schattenseite des Biolandbaus sind die meist geringeren Erträge und deren jährliche Schwankungen, da der Erfolg der Kulturen stärker von Wetter und natürlichen Bodenverhältnissen abhängig ist. So erntet man auf benachbarten biologischen und konventionellen Kartoffelfeldern mit biologischer Bewirtschaftung zwischen 40 und 60 Prozent weniger, bei Getreide zwischen 15 und 50 Prozent weniger, bei Soja- und Maisernten zwischen 0 und 20 Prozent weniger. Und die Milcherträge sind auf Biobetrieben zwischen 10 und 15 Prozent niedriger. Von einer globalen Perspektive aus betrachtet, können so die Ziele einer sicheren Ernährung nur schwer erreicht werden, wie ich später ausführen werde. Und von einem lokalen Blickwinkel aus verteuert der Biolandbau wegen geringerer Erträge und höheren Arbeitsaufwands die Preise der Lebensmittel. Dies schreckt viele Konsumentinnen und Konsumenten trotz des Erkennens der Notwendigkeit einer anderen Landwirtschaft vom Kauf ab.

Dieser Zielkonflikt zwischen Ökologie und Produktivität treibt mich immer stärker um. In meiner momentanen Arbeit im wissenschaftlichen Rat des UNO-Ernährungsgipfels für Landwirtschafts- und Ernährungssysteme, der im Spätherbst 2021 in New York stattfinden wird, stoße ich nämlich auf große Skepsis seitens der Fachleute, besonders auch aus Entwicklungsländern.

Ursprünglich sind die Biobauernfamilien ganz bewusst aus den ertragssteigernden Methoden der konventionellen Landwirtschaft, die auf Pestiziden, Herbiziden und wasserlöslichen Stickstoff- sowie Phosphordüngern beruhten, ausgestiegen. Der Schutz der Bodenfruchtbarkeit und der Umwelt, die Qualität und die Gesundheit der Lebensmittel und der Schutz der eigenen Gesundheit waren der Motor, der die Pionierbewegung antrieb. Viel zu produzieren, war kein Thema. Lieber „Klasse statt Masse", wie die ehemalige deutsche Agrarministerin Renate Künast bei ihrem Amtsantritt im Jahr 2002 sagte. In den 1980er und 1990er Jahren, die von Milchschwemmen, Butterbergen und billigen Fleischverwertungsaktionen geprägt waren, gingen mir solche Sprüche auch noch lockerer über die Lippen.

Die frühen Biobauern fuhren auf die Wochenmärkte und verkauften ab Hof. Gehobenere Preise kompensierten die geringeren Erträge und den höheren Arbeitsaufwand. Bei schwierigen Kulturen wie zum Beispiel Obst oder Kartoffeln erntete man oft nur die Hälfte. Solche Unterschiede sind übrigens auch heute noch zu finden, obwohl man in der Forschung davon ausgeht, dass die mittleren Ertragsunterschiede vieler Kulturen und klimatischen Bedingungen bei etwa minus 20 Prozent liegen. Das ist kein Problem für eine Produktion, die eine Qualitätsnische abdeckt. Nach Modellberechnungen des FiBL würde ein weiterer Ausbau der Biolandwirtschaft auf weltweit 20 Prozent der Landwirtschaftsfläche, was einer Verzehnfachung gegenüber dem aktuellen Stand entspräche, nicht zu einer Verknappung der Lebensmittel führen.

Der Biolandbau, so wie er heute funktioniert, eignet sich aber aus verschiedenen Gründen nicht, um das Problem der globalen Ernährungssicherheit auf nachhaltige Art zu lösen. Auf diesen Aspekt weisen vor allem die wissenschaftlichen Arbeiten Verena Seuferts und Navin Ramankuttys hin. Sie zeigen auf, dass die ökologische Vorzüglichkeit, die man in Biobetrieben findet, dahinschmilzt, wenn man sie auf den geernteten Ertrag umrechnet.

Die Landwirtschaft ist ein Wirtschaftszweig, dessen Hauptfunktion die Ernährung ist. Das starke Wachstum der Erdbevölkerung treibt diesen Wirtschaftszweig vor sich her, weil mehr Lebensmittel erzeugt werden müssen. Bis ins Jahr 2050 rechnet die Ernährungs- und Landwirtschaftsorganisation der Vereinten Nationen (FAO) mit einem um mehr als 50 Prozent höheren Lebensmittelbedarf, den die Landwirtschaft wird decken müssen. Diese globale Herausforderung dürfte in der Zukunft auch den Biolandbau prägen. Und es gibt eigentlich nur zwei Antworten darauf. Die erste davon: Der Biolandbau sieht sich als mäßig produktive Qualitätsstrategie und nutzt seine Vorteile, um die eigene Nische ständig zu vergrößern. In Österreich wurde bereits ein Flächenanteil von 25 Prozent erreicht. In Deutschland sind 20 Prozent als politisches Ziel definiert. EU-Agrarkommissar Janusz Wojciechowski strebt bis in Jahr 2030 25 Prozent für die gesamte Europäische Union an – in der Absicht, die Umweltziele zu erreichen. Das sind vernünftige und auch erreichbare Vorhaben. Die Ernährungssicherheit wird damit vorerst nicht negativ beeinflusst.

Die zweite Antwort wäre, dass der Biolandbau aus einer Position der ökologischen Vorzüglichkeit heraus seine Ertragsdefizite verringert. Innerhalb der bestehenden Richtlinien ist dies aber kaum möglich, weil die Ertragsschere in den letzten 20 Jahren trotz einer Verhundertfachung der Forschungsbemühungen weiter aufgegangen ist. Die flächendeckende nachhaltige Ökologisierung muss deshalb mit anderen Methoden wie zum Beispiel der Agrarökologie erreicht werden, mit Methoden, die weniger restriktiv mit den

Potenzialen neuer Technologien im Bereich der Molekularbiologie, der Nanotechnologie und der Digitalisierung umgehen.

Ist der Biolandbau nun also ein Modell für eine nachhaltige Landwirtschaft oder doch nicht? Vieles spricht dafür, aber einiges auch dagegen – nämlich seine Ertragsschwäche und die hohen Kosten, die die Verbraucherinnen und Verbraucher schließlich im Laden zu tragen haben. Diese Themen beschäftigen uns in den nächsten beiden Kapiteln.

Der einfachste Weg zu einem nachhaltigen Ernährungssystem: Mäßigung!
Die Diskussion um Effizienz oder Suffizienz

Kapitel 8

„Die Welt hat genug für jedermanns Bedürfnisse,
aber nicht für jedermanns Gier."

Mahatma Gandhi

72 „Einer naturverträglichen Gesellschaft kann man in
der Tat nur auf zwei Beinen näherkommen: durch eine
intelligente Rationalisierung der Mittel wie durch eine
kluge Beschränkung der Ziele. Mit anderen Worten: die
‚Effizienzrevolution' bleibt richtungsblind, wenn sie nicht
von einer ‚Suffizienzrevolution' begleitet wird."

Wolfgang Sachs

Wir kommen dem Kern vieler unversöhnlicher Debatten näher.
Die intensive Landwirtschaft, die zunehmend nach industriellen
Maßstäben betrieben wird, vernichtet jedes Jahr Ackerland durch
Humusabbau und Verlust von Feinerde, weil die Böden Wind und
Regen ausgesetzt sind. Sogar Weideland erodiert, weil zu viel Vieh
und häufige Trockenheit die Grasnarbe schädigen, sodass der Boden
nicht mehr geschützt ist. Wie bereits erwähnt sind weltweit jährlich sechs bis zehn Millionen Hektar davon betroffen. Wie lange
kann dies durch höhere Flächenproduktivität kompensiert werden?
„Wäre es denkbar, dass die Bewahrung der Produktionsgrundlage
Boden die vordringlichere Aufgabe ist – viel wichtiger als mit immer
intensiveren Produktionsmethoden, die zusammen mit schlechter
traditioneller Landwirtschaft ursächlich für die Bodenzerstörung
sind, aus dem weniger werdenden Boden immer höhere Erträge
pressen zu wollen?", fasst Felix zu Löwenstein in seinem Buch *Es
ist genug da. Für alle. Wenn wir den Hunger bekämpfen, nicht die Natur*
die Meinung der Biobauern zusammen.
Eine dieser Praktiken, die die wichtigsten Techniken der Boden-
schonung vereint, ist der Biolandbau. Er setzt auf einen ständigen
Fruchtwechsel, den Anbau von Gras-Klee-Gemengen für das Vieh
in ackerbaulichen Fruchtfolgen und oft auch auf die Nutzung von

Kleearten als Untersaaten oder als Mischungspartner von Getreide und Mais. Ebenso wichtig sind die organische Düngung und der weitgehende Verzicht auf Pflanzenschutzmittel, die das Zusammenleben von Mikroorganismen und Kleintieren im Boden in regelmäßiger Folge durcheinanderbringen würden. Die Hauptaufgabe dieser Lebewesen sind die Humifizierung und Mineralisierung von totem Pflanzen- und Tiermaterial – eine wunderbare Kombination aus Bodenstabilisierung und Pflanzenernährung.

Am anderen Ende der Skala der Argumente steht etwa Harald von Witzke, emeritierter Professor für Agrarökonomie der Humboldt-Universität zu Berlin. In einem Interview in der *Frankfurter Allgemeinen Sonntagszeitung* vom 9. Juli 2017 sagte er: „Es leiden diejenigen Regionen am stärksten unter Hunger, in denen die Bauern den geringsten Zugang zu modernen Technologien der Landwirtschaft haben. Damit meine ich nicht große Mähdrescher, sondern Mineraldünger, züchterisch bearbeitetes Saatgut und modernen Pflanzenschutz." Er hält die ökologischen Zerstörungen für lösbar, und zwar dank der Fortschritte bei den modernen Agrartechnologien. Ohne diese würden die EU-Länder, die durch ihre Lebensmittelimporte heute schon 17 bis 34 Millionen Hektar Boden im Ausland beanspruchen, noch mehr Grasland umbrechen und Regenwälder abholzen lassen. Witzke: „Das ist nichts anderes als Landraub." Eine Entwicklung, die durch die geringeren Flächenerträge des Ökolandbaus – sollte dieser aus der Nische herauswachsen – weiter vorangetrieben werde. Weshalb Witzke schlagzeilte: „Öko ist nicht nachhaltig." Eine der Schwächen seiner These ist jedoch, dass sie sich auf eine unrealistisch große Ertragslücke von 50 Prozent stützt.

Es stehen also im Grundsatz zwei unterschiedliche Konzepte im Raum. Das erste ist das der Suffizienz. Um die natürlichen Ressourcen nicht weiter zu belasten, sind diese vorrangig zu schützen. Die dadurch sinkende Produktivität (im Sinne der versorgenden Ökosystemdienstleistungen) ist durch eine Mäßigung des Verbrauchs zu kompensieren. Das geschieht durch eine Verringerung der Ernteverluste auf den Feldern und an den Lagerstätten (besonders bedeutend in den Ländern der Tropen, die von niedrigen Einkommen geprägt sind) und der Lebensmittelverschwendung in den reichen Weltregionen. Und vor allem auch durch einen Verzicht auf die Veredlung von Ackerfrüchten zu Fleisch, Milch und Eiern, da diese Produktionsweise unmittelbar die menschliche Ernährung konkurrenziert.

Suffizienz greift aber in einen tief verankerten menschlichen Mechanismus ein: Mit zunehmendem Wohlstand steigen Fleischkonsum, der sorglose Umgang mit Lebensmitteln und das übermäßige Essverhalten. Dabei gibt es große kulturelle Unterschiede, das konnte ich früher sehr plakativ im Restaurant des FiBL in Frick beobachten. Schweizer und Deutsche nahmen beim Mittagessen genau so viel auf ihre Teller und Tablette, wie sie zu essen vermochten – eine ganze oder eine halbe Portion, vegetarisch oder mit Fleisch. Abfälle gab es beim Abwasch in der Küche nicht. Waren Besuchergruppen aus Südkorea, China, Spanien oder Italien zum Mittagessen hier, wurden im Selbstbedienungsrestaurant zum geschöpften Teller mit Suppe, zu Salat und Dessert noch wahllos Kekse, Brötchen, Äpfel und Schokolade aufgehäuft. Letztlich wurde an allem nur ein wenig herumgeknabbert, und es wurde höchstens ein Viertel der Menge gegessen. Früher freuten sich wenigstens die Schweine auf dem FiBL-Gutsbetrieb darüber. Heute ist es verboten, Speiseabfälle aus Küchen zu verfüttern. Legendär ist auch die arabische Gastfreundlichkeit, die ich schon in der Türkei, in Marokko, Ägypten, Saudi-Arabien und den Emiraten genießen konnte. Sie ist direkt proportional zur Menge der Lebensmittelreste auf Platten und Tellern.

Das zweite, der Suffizienz entgegengesetzte Konzept geht davon aus, dass moderne Technologien es ermöglichen, die Ressourceneffizienz stark zu verbessern und die negativen Auswirkungen auf die Umwelt ebenso stark zu vermindern, sodass hohe Produktivität und Ressourcenschutz keine Widersprüche mehr darstellen. Man möchte dabei zwar auch die Lebensmittelverluste mit technologischen Mitteln reduzieren, scheut aber Eingriffe in das Ernährungsverhalten des Menschen. Und man geht davon aus, dass es einen beträchtlichen Lebensmittelüberfluss braucht, um die Versorgung global stabil zu halten.

Die effiziente Nutzung von natürlichen Ressourcen und Energie wird allgemein als Schlüssel zu einer nachhaltigen Landwirtschaft, die eine wachsende Weltbevölkerung ernähren kann, gesehen. Die

Steigerung der Effizienz ist deshalb zum zentralen Paradigma der landwirtschaftlichen Forschung und der Politik geworden. Einen Schritt weiter geht die Ökoeffizienz. Dieses Konzept fordert die Maximierung des Wertes eines Produkts – im Falle der Landwirtschaft: des pflanzlichen und tierischen Ertrags – im Verhältnis zur gesamten Umweltbelastung. Dabei werden alle vorgelagerten Stufen wie die Herstellung von Maschinen, Dünger oder Pflanzenschutzmitteln, die eigentliche Erzeugung am Feld und im Stall sowie die spätere Entsorgung in die Bilanz miteinbezogen – „von der Wiege bis zur Bahre".

Kommt zu diesem Ansatz noch hinzu, dass man während der Produktion nur Stoffe verwendet, die rezykliert werden können, und ist man darauf bedacht, dass entstehende Abfälle keine giftigen oder anderweitig unerwünschten Stoffe enthalten, dann spricht man vom Cradle-to-Cradle-Prinzip – „von der Wiege zur Wiege". Der Begriff wurde vom deutschen Chemiker und Verfahrenstechniker Michael Braungart und vom amerikanischen Architekten und Designer William McDonough geprägt. Von der Wiege zur Wiege bedeutet, dass bei jedem Herstellungsprozess nicht Abfälle, sondern hochwertige Rohstoffe für einen neuen Produktionszyklus entstehen. Dieses Prinzip war in der Landwirtschaft ursprünglich eine absolute Notwendigkeit, weil mit der Sesshaftigkeit schon früh eine gewisse Rohstoffknappheit einherging. Aber bereits in den Städten des Mittelalters und der frühen Neuzeit wurde das Wegwerfen etwas Alltägliches. Metzger warfen Fleischabfälle in den Straßengraben, Gerber das von Fellen abgeschabte Fett und Fleisch. Küchenabfälle und Fäkalien wurden auf die gleiche Art und Weise entsorgt. Die Straßen wurden vom Regen periodisch gereinigt und die organischen Abfälle flossen in die Bäche und Flüsse. Dass diese lange nicht kollabierten, war der Tatsache zu verdanken, dass es weniger Menschen gab und die Abfälle naturnah und mikrobiologisch gut abbaubar waren.

Laut seinem Wikipedia-Eintrag hielt Braungart in der Berliner Zeitung vom 26. Juni 2004 fest: „Die Natur produziert seit Jahrmillionen völlig ineffizient, aber effektiv. Ein Kirschbaum bringt Tausende Blüten und Früchte hervor, ohne die Umwelt zu belasten. Im Gegenteil: Sobald sie zu Boden fallen, werden sie zu Nährstoffen für Tiere, Pflanzen und Boden in der Umgebung."

Kritikerinnen und Kritiker bezeichneten dies als neoliberalen Unsinn, weil es die Verschwendung durch ein gutes Gewissen anheize. Solange man ein CO_2-Zertifikat kaufe, könne man so viel fliegen, wie man will, könnte die – falsch gezogene – Konsequenz aus dem Cradle-to-Cradle-Prinzip sein. Es braucht also ein weiteres

Korrektiv, weil weder die Ökoeffizienz noch das Cradle-to-Cradle-Prinzip die grundsätzliche Nachhaltigkeit, nämlich die Tragfähigkeit des lokalen und globalen Ökosystems, garantieren. In diesem Zusammenhang wird auch vom Rebound-Effekt gesprochen. Je besser die Ökoeffizienz ist, desto ungenierter steigert der Mensch seinen Verbrauch. Ein Beispiel dafür wäre, dass mit benzinsparenden Autos energiefressende Klimaanlagen aufkamen und gleichzeitig mehr Kilometer gefahren wurden.

Echte Nachhaltigkeit kombiniert Effizienz, Konsistenz und Suffizienz – diese Schlussfolgerung zog als einer der Ersten der ehemalige Co-Präsident des Club of Rome, Ernst Ulrich von Weizsäcker. Sie wird zunehmend als einzig mögliche Zukunftsoption in der Nachhaltigkeitsforschung gesehen, und mehr und mehr progressive Politiker sowie eine wachsende Zahl von wirtschaftlichen Akteuren, die sich ernsthaft mit ihren zukünftigen Geschäftsfeldern beschäftigen, übernehmen sie.

• **Effizienz** ist der Quotient von produziertem Output im Verhältnis zum Energieverbrauch und zur Umweltwirkung.

• **Konsistenz** beschreibt die Verträglichkeit von anthropogenen Stoff- und Energieströmen mit den Strömen natürlicher Herkunft. Vielleicht könnte man auch die Vermeidung von Verlagerungseffekten unter diesem Begriff subsumieren, weil diese vor allem bei Lebensmitteln von großer Bedeutung sind. Wenn wir zum Beispiel Sojabohnen und Sojaschrot aus dem brasilianischen Bundesstaat Mato Grosso importieren und diesen mit glücklichen Schweizer Hühnern zu Eiern veredeln, tragen wir zur Ausdehnung der Überführung von artenreichen Savannenlandschaften mit einer Vielzahl von Pflanzen und Tieren in monotone, artenarme Sojabohnenfelder bei.

• **Suffizienz** nimmt direkt auf Mahatma Gandhis zu Beginn des Kapitels zitiertes Bild der Gier Bezug. Es stellt die Mäßigung oder *temperance* in den Mittelpunkt. Der Begriff wurde 1993 vom Soziologen und Theologen Wolfgang Sachs vom Wuppertal Institut für Klima, Umwelt, Energie geprägt und von Ernst Ulrich von Weizsäcker in seinem Buch *Factor Four: Doubling Wealth, Halving Resource Use* bekannt gemacht.

Außerhalb dieses Nachhaltigkeitsverständnisses wird gezielt auf die weitere Steigerung der Produktionsmengen gesetzt, um für das Bevölkerungswachstum vorzusorgen. Die Bilder von Abfall- und Fleischbergen haben sich mittlerweile ins kollektive Bewusstsein eingeprägt und sorgen für ein schlechtes Gewissen. Verhaltensänderungen finden zwar statt, aber nur zögerlich. Berühmte Köche bereiten etwa köstliches Essen mit Rohstoffen zu, die sie trotz abgelaufenem Mindesthaltbarkeitsdatum aus der Tonne geholt haben. Studierende gründen Verkaufsstellen für Lebensmittel, die der Lebensmitteleinzelhandel nicht mehr anbieten möchte. Coop, ein Riese in der Schweizer Lebensmittelbranche mit einem führend hohen Bioprodukt-Anteil von 17 Prozent, startete vor wenigen Jahren mit Ünique ein Programm für zu großes, krummes, unförmiges, von der Norm abweichendes Gemüse. Oder Apps wie Too Good To Go vermitteln im nahen Umfeld Einkaufs- oder Abholmöglichkeiten von hochwertigen, aber leider abgelaufenen Lebensmitteln.

Das Abfallproblem kann mittlerweile auch in seiner ökonomischen Bedeutung eingeschätzt werden: Der Wert der weggeworfenen Lebensmittel beträgt eine Billion US-Dollar, die Belastung der Umwelt lässt sich mit 700 Milliarden beziffern und die sozialen Kosten belaufen sich auf 900 Milliarden. Zusammengenommen kübeln wir nach einer im Auftrag der FAO entstandenen Studie des FiBL jährlich drei bis vier Prozent des globalen Bruttosozialprodukts. Zum Glück – und das ist eine sehr positive Entwicklung – gewinnt die vegane und vegetarische Ernährung in der westlichen Welt an Bedeutung. Vielleicht beeinflusst das die Menschen in Indien, ihre großartige Tradition der fleischlosen Ernährung weiterhin hochzuhalten. Wie kann dieser kleine Trend, der sich dem großen globalen Trend entgegensetzt, unterstützt werden? Soll eine Änderung der Lebensweise moralisch eingefordert werden? Meine Großmutter pflegte vor 60 Jahren am Tisch zu sagen: „Ursli ess us" („Urs, iss auf") – eine Aufforderung, die früher offenbar wirksamer war, als sie es heute ist. Sie beherrschte kein Hochdeutsch, weshalb ich sie bereits zum zweiten Mal auf Schweizerdeutsch zitiere.

Adrian Müller und Markus Huppenbauer schrieben 2016 in der Zeitschrift *Gaia*, Mäßigung müsse zu einem zentralen Wert liberaler Gesellschaften werden: „Suffizienz ist kein Ziel der Umweltpolitik, wie es die Effizienz ist. Mit Blick auf die Belastungsgrenzen des Planeten schlagen wir in unserem Beitrag vor, dass Suffizienz das Grundkonzept des liberalen Gesellschaftsverständnisses erweitern sollte. Die klassische Vision von liberalen Gesellschaften basiert auf den Kernwerten der individuellen Freiheit, dem Prinzip, anderen keinen Schaden zuzufügen, und der sozialen Gerechtigkeit, verbunden mit den Tugenden Mut, Vorsicht und Gerechtigkeit. Mit der Suffizienz fügen wir einen vierten Kernwert ein, der notwendig ist, um mit den Belastungsgrenzen des Planeten zurechtzukommen. Die Tugend, welche mit der Suffizienz verbunden ist, ist die Mäßigung."

Ein gesellschaftlicher Veränderungsprozess, der wohl nicht vermeidbar ist und mehrere Generationen dauern dürfte. Ein erster kleiner Beitrag dazu wäre es schon, wenn der seit 1950 von der Deutschen Gesellschaft für Ernährung (DGE) eingeführte Ernährungskreis, der auf der Vollwertkost basiert und später von der Darstellung einer gesunden Diät als Ernährungspyramide abgelöst wurde, gelebt würde. Die Ernährungspyramide lernen wir schon in der Volksschule kennen, aber sie wird rasch wieder vergessen.

Im Biolandbau kann man gewisse Elemente der Suffizienzidee erkennen. Zum Beispiel die Beschränkung auf die Nutzung von Stickstoff aus symbiontischen Verbindungen in der Rhizosphäre der Pflanzen, also im wurzelnahen Bereich, oder die große Bedeutung, die die Versorgung mit Phosphor aus der Bodenmatrix für den Pflanzenbau hat. Weitere Beispiele sind der hohe Anteil an Raufutter (z. B. Gras und Heu) bei Wiederkäuern und die generelle Beschränkung der Leistungssteigerung aus Tierwohlgründen. Auch die Anwendung von wissens- und arbeitsintensiven Verfahren im Pflanzenschutz und in der Tiergesundheit anstelle von sehr wirksamen und billigen Pflanzenschutzmitteln und Tiermedikamenten kann als suffizienzorientiertes Verhalten interpretiert werden. Der Biolandbau war bisher die einzige Landbauweise, die die Mäßigung verinnerlicht hatte. Das große Wachstum der Produktion, die Ansprüche der Konsumentinnen und Konsumenten hinsichtlich ständiger Verfügbarkeit und makelloser Qualität und die erfolgreiche Integration in die normalen Vertriebskanäle haben diese Vorzüglichkeit leider zunichtegemacht.

Wie wichtig es ist, für die Umweltpolitik auf regionaler und globaler Ebene die Suffizienz in Nachhaltigkeitsmodellen zu berücksichtigen, zeigt eine Studie von Christian Schader und Kollegen im *Journal of the Royal Society Interface* aus dem Jahr 2015. Sie arbeiteten in einem globalen Massenflussmodell mit dem von der FAO für 2050 prognostizierten Zuwachs an Menschen und den vorhersehbaren Entwicklungen der Ernährungsgewohnheiten. Dabei gelang es ihnen zu zeigen, dass ein gänzlicher Verzicht auf Verfütterung von Ackerfrüchten, die direkt mit dem menschlichen Konsum konkurrenziert, die mittlere Energie- und Proteinversorgung der Menschen stabil und auf einem ausreichenden Niveau halten kann – bei gleichbleibender Fläche an Dauergrünland und sogar einem leichten Rückgang der Ackerfläche. Die Fleisch- und Milcherzeugung mit Wiederkäuern nahm in diesem Szenario leicht zu, weil mehr Leguminosen in den Fruchtfolgen nötig waren. Die Erzeugung von Fleisch und Eiern mit Schweinen und Geflügel beschränkte sich auf die Verwertung von landwirtschaftlichen Nebenprodukten und nahm stark ab. In einem extremen Szenario, in dem überhaupt kein Getreide, das auch vom Menschen verzehrt werden könnte, verfüttert wurde, reduzierte sich der ökologische Fußabdruck bei den Klimagasen um 18 Prozent, beim offenen Ackerland um 26 Prozent, beim Stickstoffüberschuss um 46 Prozent, beim Verbrauch nicht erneuerbarer Energie um 36 Prozent, bei der Häufigkeit der Pestizidanwendung um 22 Prozent, beim Frischwasserverbrauch um 21 Prozent und beim Bodenerosionspotenzial um 12 Prozent. Der Energie- und Proteinbedarf der anwachsenden Weltbevölkerung konnte dabei gesichert werden, aber die Versorgung des Menschen mit Eiweiß aus tierischen Quellen reduzierte sich um 71 Prozent und wurde durch Eiweiß aus pflanzlichen Quellen wie Bohnen, Erbsen, Linsen und anderen kompensiert.

Weitere Suffizienzszenarien wurden von Adrian Müller und Kollegen im Jahr 2017 in der renommierten Fachzeitschrift *Nature*

Communications publiziert. Dabei ging es um die Frage, ob die Ernährungssicherheit auch mit einer Umstellung auf den Biolandbau
gewährleistet werden könnte. Die modellierten Szenarien zeigten,
dass eine hundertprozentige Umstellung auf den Biolandbau deutlich mehr Land bräuchte, als es bei konventioneller Landwirtschaft

80   der Fall wäre. Im Gegenzug würden sich aber die Stickstoffüber-
schüsse verringern und auch der Einsatz von Pestiziden würde
massiv zurückgehen. Würde die Umstellung auf den Biolandbau
mit einer Verringerung der Lebensmittelabfälle kombiniert und
kein Ackerland für die Futtermittelerzeugung gebraucht werden
(eine Verschneidung mit dem Szenario von Schader), brächte der
Biolandbau als nachhaltige Strategie sehr gute Ergebnisse. Unter
den verschiedenen Szenarien erreichte die Variante mit 60 Prozent Bioanteil, Verzicht auf Viehfutter auf dem Acker und einer
50-prozentigen Reduktion der Lebensmittelabfälle einen hohen
Ökologisierungseffekt und konnte die Protein- und Energiever-
sorgung der Menschheit sichern.

Es gab im Szenario Bio aber auch Schwächen. Der Stickstoff
wird knapp. Der Humusaufbau ist in den trockenen Tropen eine
langwierige Sache. Die im Biolandbau erlaubten, schlecht löslichen
Phosphordünger sind in vielen Böden außerhalb Europas je nach
deren pH-Wert schlecht oder gar nicht wirksam. Die Nacherntehalt-
barkeit einiger Produkte, etwa von Früchten, ist deutlich schlechter
als in konventionellen Wertschöpfungsketten, weil dort Fungizide
und Insektizide über die Ernte hinaus wirksam sind.

Die beiden Studien des FiBL, an denen auch weitere international
führende Agrar- und Klimaspezialistinnen und -spezialisten beteiligt waren, zeigten deutlich, dass Wiederkäuer wie das Rind und
das Schaf unverzichtbar für die ausreichende Proteinversorgung der
Menschheit sind und in einer nachhaltigen Landwirtschaft sogar
noch leicht an Bedeutung gewinnen werden. Im Gegensatz dazu
wird aber der Konsum von tierischen Proteinen von Schweinen und
Hühnern drastisch abnehmen. Auch wenn das Rind gerne – und
fälschlicherweise – als Klimasünder dargestellt wird: Alle Umwelt-
indikatoren würden sich durch diese Entwicklung dank einer reinen
Fütterung auf dem Grasland deutlich verbessern. Selbst der Ausstoß
von Klimagasen würde sich um 18 Prozent verringern.

Wenn's mit der Mäßigung nicht klappt: Innovation, das goldene Kalb!

Kapitel 9

„Begrabt Frankensteins Monster!"

Matt Ridley

„Kapitalintensive Innovationen tendieren dazu, die kommerzielle Oberhand im Lebensmittelmarkt zu gewinnen. Dabei werden andere Agenden wie zum Beispiel eine agrarökologische Erzeugung und kurze Zulieferketten marginalisiert."

Les Levidow

„Wir sollten auch Anreize schaffen, damit unsere Landwirtschaft technologische Reformen einleitet. Angesagt ist eine umweltfreundliche Hightech-Landwirtschaft, die mit intelligenten Robotern arbeitet, die von Drohnen oder Satelliten gesammelte Daten nutzt oder das Mittel der Aeroponik einsetzt, wo die freiliegenden Pflanzenwurzeln mit Nährlösungen besprüht werden."

Patrick Aebischer, ehemaliger Präsident der Eidgenössischen Technischen Hochschule Lausanne (ETHL), in der NZZ vom 24. September 2017

Innovation ist das goldene Kalb, um das die moderne Gesellschaft tanzt. Sie garantiert Prosperität. Auch der Ökolandbau will innovativ sein – nicht zuletzt deshalb, weil die Fördertöpfe für Innovation in der Landwirtschaft zurzeit recht tief hängen. In Horizon 2020, dem landwirtschaftlichen Forschungsprogramm der Europäischen Union, wurden für die Landwirtschaft zwei Schlüsselelemente besonders betont: einerseits Partnerschaft, was die Einbeziehung von Landwirten und Beratern in die Forschung meint, und andererseits Innovation, ein Begriff, der weit über die reine Forschung hinausgeht. Innovation findet dann statt, wenn aus neuem Wissen neues Handeln wird. Horizon 2020 startete im Jahr 2014, seit 2015 organisiert der europäische Dachverband der Biobauernorganisationen, die IFOAM-EU-Gruppe, jährlich die Organic Innovation Days. Zuvor war Innovation im Biolandbau kein Thema. Vielmehr galten die Bewahrung des traditionellen Wissens, die Entschleunigung des Fortschritts zur Vermeidung unerwünschter ökologischer und sozialer Wirkungen und ein auf eine hohe natürliche Qualität ausgerichtetes Wachstum als die wichtigsten Werte des Biolandbaus. Innovation wurde hingegen vorwiegend als technische und technologische Eigenschaft wahrgenommen, der man mit einer gewissen Skepsis begegnete.

Die umfassende Bedeutung der Innovation in seinen drei Dimensionen, der technischen, sozialen und ökologischen Neuerungen, ermöglichte eine stärkere Öffnung des Biolandbaus für die Innovationsstrategie. Vor allem als soziale Innovation kann die Biobewegung in jeder Hinsicht punkten. Der Frankfurter Soziologe Wolfgang Zapf definierte die soziale Innovation als eine Organisationsform beziehungsweise Praxis, die Probleme besser löst als die jeweils vorherrschende – was schlussendlich zu einem Paradigmenwechsel führt. Das Neue am Biolandbau waren eine basisdemokratische Organisationsform und die engen Kontakte zu den Verbrauchern. Die Biobäuerinnen und Biobauern vereinbarten freiwillig Produktionsrichtlinien, die weit über die Gesetzgebung im Bereich der Landwirtschaft, des Tierschutzes und des Umweltschutzes hinausgingen. Dadurch wurden nicht nur viele der Probleme der allgemeinen Landwirtschaft antizipiert, sondern auch besser geregelt. Der Biolandbau setzte deshalb schon in den 1950er Jahren auf das Prinzip der Eigenverantwortung, das heute in der modernen Gesellschaftsordnung immer mehr an Bedeutung gewinnt. Es basiert auf dem liberalen Ideal eines mündigen, selbstbestimmten Menschen.

Überdies stellte der Biolandbau letztlich einen neuen Lebensstil dar und entwickelte alternative Wirtschaftsformen. Erst 60 Jahre nach seiner Pionierphase verlor der Biolandbau seine eigenständige wirtschaftliche Entwicklungsdynamik und wurde von der Marktwirtschaft eingeholt. Heute geht die Dynamik des Biolandbaus vom traditionellen Lebensmitteleinzelhandel aus und nicht mehr von den Bäuerinnen und Bauern, die neben dem Anbau auch die Vermarktung in die eigenen Hände genommen hatten. Die Vorstellung, eine echte soziale Innovation zu sein, die die Kraft für eine grundsätzliche wirtschaftliche und gesellschaftliche Veränderung hätte, hält sich aber hartnäckig.

Zum frühen Innovationsverständnis des Biolandbaus eine kleine Geschichte: Der Schweizer Biobauer Matthias Hünerfauth war für mich stets die praktische Kompetenz und Autorität der biologisch-dynamischen Landwirtschaft. Als Berater begleitet er seit 1974 das bereits angesprochene Langzeitexperiment DOK und wacht darüber, dass das FiBL und die staatliche Forschungsanstalt Agroscope die Teilparzellen im Versuch tatsächlich entsprechend der komplexen Intentionen und Regeln der biologisch-dynamischen Landwirtschaftsmethoden bewirtschaften. Da wichtige Aspekte dieser Landwirtschaftsmethode durch tradiertes Wissen weitergegeben werden und sich nicht nur in Richtlinien niederschlagen, war dieses Einbeziehen von praktizierenden, mit der bäuerlichen Basis gut vernetzten Experten sehr wichtig. Hünerfauth sagte mir einst, dass seine Eltern in den 1940er Jahren von Deutschland in die Schweiz eingewandert seien, um die damals modernste und innovativste Art der Landwirtschaft zu praktizieren. In ihrem Umfeld hätten sie gehört, dass dies der biologisch-dynamische Landbau sei. Bis heute haben viele Biobauernfamilien diese Gewissheit bewahrt, mit ihrer Umstellung einen entscheidenden Sprung in die Zukunft getan zu haben.

Die Entwicklung des Biolandbaus hat die gesamte Landwirtschaft inspiriert und angespornt. Und dabei eine gewaltige Innovationswirkung erzielt. Im Jahr 1977, als die biologische Landwirtschaft in der Schweizer Öffentlichkeit erstmals etwas breiter diskutiert wurde, schrieb Ernst Keller, der im letzten Jahrhundert als Professor für Pflanzenbau an der ETH Zürich ganze Generationen von Agronomen für einen Mittelweg zwischen konventioneller und biologischer Landwirtschaft, den integrierten Pflanzenbau, ausbildete und motivierte, in der *Neuen Zürcher Zeitung:* „In der letzten Zeit ist es möglich geworden, mit Verfechtern einzelner Richtungen des biologischen Landbaus Gespräche zu führen und eine Zusammenarbeit anzubahnen. (...) Als Auswirkung darf erwartet werden, dass der Landwirt bei aller notwendigen Mechanisierung der Produktion wieder vermehrt die Vorgänge im Boden und beim Wachstum der Pflanzen verfolgt. Vielleicht führt das aber auch dazu, dass die heute zum Teil etwas verunsicherten Konsumenten wieder zur Ansicht gelangen, eine vernünftig betriebene Landwirtschaft traditioneller Richtung sei gar nicht so unbiologisch und naturfremd." Das war ein erster, noch zaghafter Öffnungsschritt gegenüber dem Biolandbau; aber vor allem brachte damit zum ersten Mal ein Wissenschaftler zum Ausdruck, dass der Biolandbau ein gesellschaftlich wichtiges Potenzial für zukünftige Innovationen haben könnte.

Auch die mehr als 400 verschiedenen Nachhaltigkeitslabels, die heute weltweit auf dem Markt sind, sind Kinder des Biolandbaus und sie belegen, wie groß dessen Innovationswirkung auch für die konventionelle Landwirtschaft war. In *The State of Sustainable Markets 2019 – Statistics and Emerging Trends,* dem Jahrbuch des International Trade Centre in Genf, zeigen Helga Willer und Kollegen auf, dass auch nichtbiologische Labels für Konsumentinnen und Konsumenten als Unterstützung bei Kaufentscheiden eine zunehmende Bedeutung haben. Die Menschen wollen bei allem, was sie kaufen und essen, also auch abseits biologisch erzeugter und verarbeiteter Lebensmittel, ökologische und soziale Mindeststandards eingehalten wissen. Diesem Wunsch genügen die gesetzlichen Vorgaben oft nicht. Vor allem die Welthandelsorganisation (WTO) hat hier eine klaffende Lücke zu verantworten, indem sie die Liberalisierung der Handelsbeziehungen vorantreibt, ohne je griffige und allgemeingültige Mindestanforderungen hinsichtlich Ökologie und sozialer Auswirkungen verankert zu haben. Nachhaltigkeitslabels, die in der Regel niedrigere Mindestanforderungen als der Biolandbau stellen, beheben dieses Defizit durch private Vereinbarungen zwischen Produzenten und Konsumenten. Dies nützt insbesondere der Landwirtschaft in tropischen Anbaugebieten und kann ein wichtiger Hebel dabei sein, Raubbau und Umweltzerstörung zu verlangsamen. Nachhaltigkeitslabels und auch das Biolabel spielen deshalb eine ausgesprochen wichtige Rolle, wenn es darum geht, schrittweise und weltweit eine Veränderung zu bewirken.

Die Effekte des Biolandbaus auf die Innovation können auch am Beispiel der Agrarökologie gezeigt werden. Miguel A. Altieri, Professor an der University of California in Berkeley, entwickelte

aufbauend auf den Ideen der amerikanischen Biobauern die Agrarökologie nicht nur als Wissenschaft, sondern auch als landwirtschaftliche Methode und soziale Bewegung. 1995 publizierte er das
Buch *Agroecology: The Science of Sustainable Agriculture.* Viele Fachleute räumen der Agrarökologie heute größere Chancen bei dem

Unterfangen ein, die Menschen auf eine nachhaltige Art und Weise
satt zu machen, als dem zertifizierten Biolandbau. So veröffentlichte etwa auch das wissenschaftliche Expertengremium des Komitees
für Ernährungssicherheit der FAO (HLPE) 2019 einen Bericht zum
Thema mit dem Titel *Agroecological and Other Innovative Approaches
for Sustainable Agriculture and Food Systems That Enhance Food Security
and Nutrition.* Für all diese Entwicklungen diente der Biolandbau als
Inspiration, und auch die Praxis der Biobäuerinnen und Biobauern,
die vorzeigten, dass es geht, war dabei wichtig.

Der Biolandbau hat sich selbst ein enges Korsett verpasst, um
die Ausrichtung der zukünftigen Innovation zu beeinflussen. Er
unterscheidet auf der Basis seiner Richtlinien trenngenau, welche
Innovation er will und welche nicht. Durch die Verstaatlichung der
privaten Richtlinien im Jahr 1992, die die EU-Kommission weniger zum Schutz der Landwirte, sondern vor allem zum Schutz der
Konsumenten vor Täuschungen durchsetzte, ist der Spielraum für
Innovation, vor allem technische, noch kleiner geworden. Eine
Abänderung der EU-Bioverordnung scheint mittlerweile ein Ding
der Unmöglichkeit geworden zu sein. Nach mehr als drei Jahren
zäher Verhandlungen zwischen EU-Kommission, dem Rat und dem
Parlament ist die neue, revidierte EU-Biobasisverordnung erst am
17. Juni 2018 in Kraft getreten. Sie gilt ab 1. Jänner 2021. Noch sind
viele Durchführungsbestimmungen offen, was der enormen Komplexität der Themenbereiche biologische Produktion, biologische
Verarbeitung und biologischer Handel geschuldet ist.

Die gesetzlichen Regelungen sind schon deshalb kaum verän-
derbar, weil sehr komplizierte Verhandlungen etwa mit den USA
(National Organic Program), der Schweiz (Bio-Verordnung), China
(China National Organic Product Standard), Japan (Japanese Agricultural Organic Standard) und den ostafrikanischen Ländern (East
African Organic Products Standard) nötig wären – um nur ein paar
der 86 Staaten zu nennen, die über eine eigene Regelung verfügen.

Andernfalls würde der freie Handel mit biologischen Lebensmitteln wohl zusammenbrechen, ein Handel, an dem viele interessiert sind.

Hat der Biolandbau also mit der Verankerung der einst freiwilligen Richtlinien in Gesetzestexten seine Innovationsfähigkeit verloren? Teilweise ja! Der Biolandbau ist somit beides gleichzeitig: innovativ und vorsichtig konservativ.

Einerseits spricht der Biolandbau im Marketing die modernen gesellschaftlichen Eliten an und passt gut zum Lebensgefühl junger Menschen. Es passiert viel Innovatives auf den Höfen – etwa, wie sich diese organisieren, wie sie die Verbraucherinnen und Verbraucher ansprechen oder wie sie zunehmend Bürger und Verbraucher in ihre Aktivitäten miteinbeziehen. Und auch die Verbände sind fortschrittlich: Wie sie die Erzeuger unterstützen, wie sie sich um die Qualitätssicherung bemühen und wie sie sich an der politischen Diskussion beteiligen – all das ist eher neu. Im Gegensatz zu allgemeinen Bauernorganisationen stößt ihre öffentliche Präsenz stets auf positive gesellschaftliche Resonanz. Zu guter Letzt setzen auch die Hersteller von biologischen Lebensmitteln auf Innovation. Mit ihren Frisch-, Halbfertig- und Convenience-Produkten modernisieren sie Biokonsum und Catering.

Andererseits besteht aber tatsächlich ein ziemlicher Innovationsstau – insbesondere im Anbau, in der Tierhaltung und in der Verarbeitung. Landwirte, die nicht in der Direktvermarktung tätig sind, funktionieren zunehmend als reine Rohstofflieferanten. Als solche sind sie austauschbar. Entsprechend stark sind die Importe angestiegen. Die Sorgen der Landwirte treten dabei in den Hintergrund. Sie müssen die Konformität der Erzeugnisse gewährleisten. Mit welchen technischen Problemen sie kämpfen, zu welchen Preisen, in welcher Qualität und mit welcher Produktivität sie dies tun, ist sekundär.

Nur ab und zu wird technischen Problemen im Anbau öffentliche Aufmerksamkeit zuteil, wie zum Beispiel im Jahr 2016 im hessischen Ökoweinbau, als wegen des Wegfalls eines einzigen Spritzmittels (Kaliumphosphonat) in Kombination mit ungünstigen Wetterbedingungen große Teile der Ernte ausfielen. Wie üblich wurde die EU-Kommission dafür verantwortlich gemacht. Dabei hätte uns die Abhängigkeit des biologischen Weinbaus von zwei einfachen chemischen Substanzen (Kaliumphosphonat und Kupfer) eigentlich zeigen sollen, dass eine umfassende Neuausrichtung notwendig wäre.

Die Ertragsunterschiede zwischen konventioneller und biologischer Erzeugung nehmen wegen des angesprochenen Innovationsstaus stetig zu. Und schon verschärft sich das im Kapitel 7 in Anlehnung an Verena Seufert und Navin Ramankutty geschilderte Problem, dass die relative ökologische Vorzüglichkeit des Biolandbaus wegen steigender Ertragsausfälle abnimmt. Das ist auch in der Tierhaltung zu beobachten, wo etwa der Zusatz von synthetischen Aminosäuren eine niedrige biologische Wertigkeit von pflanzlichen Futtermitteln erhöhen kann. So reichert man zum Beispiel Sojaschrot künstlich mit Methionin und Lysin an, was es ermöglicht, den Futterverbrauch um bis zu 30 Prozent zu reduzieren.

Im Biolandbau wird das nicht toleriert, weil die synthetischen Aminosäuren von gentechnisch veränderten Bakterien oder aus chemischer Synthese stammen. Dabei sind die positiven ökologischen Effekte einer Reduktion der Futtermenge enorm: In Lateinamerika und den USA werden weniger Ackerflächen für die Futtermittelerzeugung benötigt und in Europa fallen geringere Mengen an importierten Nährstoffen an, was die Natur ebenfalls entlastet.

Selbstverständlich ginge es auch anders, ich muss das immer wieder wiederholen, um nicht falsch zitiert zu werden: In einem Suffizienz-Szenario würden wir nur noch so viele Schweine und Hühner halten, wie wir mit Abfallprodukten aus dem Ackerbau und der Lebensmittelverarbeitung füttern können.

Die Frage, welche Art der Innovation man für biologische oder ganz allgemein für agrarökologische Anbausysteme verfolgen möchte, wird uns ganz bestimmt die nächsten Jahrzehnte über beschäftigen. Denn die starke globale Nachfrage nach mehr Lebensmitteln und einem westlichen Ernährungsstil ist mittlerweile zum Haupttreiber des Fortschritts geworden.

In der Vergangenheit wurde Innovation in der Landwirtschaft durch andere Dinge angetrieben. Man wollte die Landwirtschaft rationalisieren, weil landwirtschaftliche Arbeitskräfte vermehrt in die Industrie und in den Dienstleistungssektor abwanderten. Dort war der Verdienst höher, die Arbeit weniger hart und es bestanden mehr Ausbildungs- und Aufstiegsmöglichkeiten. Die Senkung der Preise für Lebensmittel und die Ausweitung deren zeitlicher wie geografischer Verfügbarkeit beschleunigten die technologische Entwicklung der Landwirtschaft ebenfalls. Als Begleiterscheinung dieser Entwicklungen wurde die Landwirtschaft immer kapitalintensiver. Das Naturkapital (die Produktivität der natürlichen Ressourcen), das Humankapital (das über viele Generationen angehäufte Wissen der Bäuerinnen und Bauern) und das Sozialkapital (die Potenziale und Werte der Zusammenarbeit) wurden in ihrer Bedeutung vom ökonomischen Kapital (Maschinen, Ausstattung etc.) abgelöst. Das verstärkte den Raubbau an Mensch, Tier und Natur, weil die Verzinsung des steigenden Anteils an ökonomischem Kapital nicht mit den Renditen aus einer nachhaltigen Landwirtschaft hätte geleistet werden können.

Diesen Zusammenhang haben der Raumplaner Hans Bieri von der Schweizerischen Vereinigung Industrie und Landwirtschaft (SVIL) und der Agrarhistoriker Peter Moser, Leiter des Archivs für Agrargeschichte an der Universität Bern, bei Tagungen auf dem Möschberg mit zahlreichen Biobäuerinnen und Biobauern diskutiert. Dank dieser Debatten am Ursprungsort des organisch-biologischen Landbaus im deutschsprachigen Raum, der vom Ehepaar Hans und Maria Müller geprägt wurde, steht dieser Ort für eine kritische Auseinandersetzung mit der Wachstumseuphorie des modernen Biolandbaus.

Die Befürchtung, dass jeder neue Innovationsschub weiteren Druck auf die menschlichen und natürlichen Ressourcen auslösen werde, ist ein wichtiger, vielleicht sogar der wichtigste Aspekt in der zukünftigen Diskussion. Denn Roboter, Software und Daten werden auch in der Landwirtschaft und in der Lebensmittelerzeugung eine immer größere Rolle spielen. Jede Laiin, jeder Laie erkennt auf den ersten Blick, dass damit wirtschaftliche Welten mit ganz unterschiedlichen Arbeitskosten und jeweils eigenem Gewinnstreben aufeinanderstoßen.

Die kleinbäuerliche Landwirtschaft, die teure Technologien meidet, dafür das Naturkapital schonend und clever einsetzt, ist also ein Modell der Zukunft. Sie setzt auf die menschliche Arbeit und profitiert von der Zusammenarbeit der Bäuerinnen und Bauern. Und sie sucht den direkten Zugang zur Konsumentin bzw. zum

Konsumenten. Im besten Fall geht sie dabei sogar Partnerschaften ein. Die solidarische Landwirtschaft, die in den USA noch präziser *Community-Supported Agriculture* heißt, wächst rasch. Eine solche Landwirtschaft begünstigt soziale sowie ökologische Innovationen und setzt technologische Innovationen gescheit und gezielt ein.

So nutzen Bäuerinnen und Bauern zum Beispiel bereits jetzt gut etablierte Apps, um ihre Produkte auf dem schnellsten Weg an die Konsumenten in der Region zu vermitteln. Ganz ähnlich wird es in naher Zukunft möglich sein, Gesundheitsberatung für Tiere und Pflanzen digital abzurufen. Denn der Pflanzen- oder Tierarzt wird die Diagnose aufgrund von Problem- oder Schadenfotos stellen und so auch die Behandlungserfolge überwachen können.

Im Jahr 2016 hatte ich am FiBL Besuch von Balakrishna Nair, einem emeritierten Professor an der University of Trans-Disciplinary Health Sciences and Technology in Bangalore, Indien. Mit seinem Team betreute er Milchproduzenten der größten indischen Molkerei. Da diese große Probleme mit Antibiotikarückständen in der Milch hatte, wurden Tausende von Landwirten in ayurvedischer und pflanzlicher Tierheilkunde aus- und weitergebildet. Das wichtigste Instrument für Diagnose und Beratung war dabei WhatsApp, ein Werkzeug, das in Indien, genau wie in Europa, jedes Kind nutzt. Die Landwirte schickten Bilder ihrer erkrankten Kühe, speziell von Euterentzündungen, und die Fachleute der Universität ließen ihnen und ihren Hoftierärzten alternative Behandlungsvorschläge oder Tipps für die Gesundheitsprävention zukommen. So einfach und kostengünstig dieses Programm war, so erfolgreich wurde es auch.

In Europa und den USA gibt es Zehntausende von Betrieben, die auf soziale und ökologische Innovationen setzen und kapitalintensive Technologien zurückhaltend einsetzen. Und weltweit gibt es Millionen erfolgreicher Kleinbetriebe, die durch einfache Techniken wie den Anbau von stickstofffixierenden Leguminosen, durch die Förderung der innerbetrieblichen Pflanzen- und Tiervielfalt und die sorgfältige Aufbereitung von organischen Materialien zu Dünger und Bodenverbesserern ihre Erträge verdoppeln können. Sie nutzen dazu Ernterückstände oder dörfliche und städtische Speise- und Gartenabfälle. Der Dung der eigenen Tiere wird wieder geschätzt, weil sich die Entflechtung von Pflanzenbau und Tierhaltung zunehmend als Irrtum einer Rationalisierung und Spezialisierung der Landwirtschaft entpuppt. Und in nicht ferner Zukunft wird auch die Verwertung menschlicher Fäkalien durch die Aufbereitung von Klärschlamm wiederkommen müssen, vor allem weil die Phosphorvorräte der Erde gemäß Modellen der ETH Zürich in 300 Jahren knapp und teuer werden.

Die gute landwirtschaftliche Praxis, verbunden mit agrarökologischem oder biologischem Wissen, verbessert die Selbstversorgung von Familien, es bleibt mehr übrig für die Vermarktung, das Einkommen erhöht sich und Kinder erhalten dadurch eine bessere Ausbildung. Das zeigen Fallstudien von mehreren Tausend Betrieben, die Professor Jules Pretty von der University of Essex für die FAO durchgeführt hat. Oft können solche Betriebe auch frühere Schulden, die durch den Zukauf von Dünger, Pflanzenschutzmitteln und Saatgut entstanden sind, zurückzahlen. Mobiltelefone stellen auch für Kleinstbetriebe einen wichtigen Innovationsmotor dar, weil die Funknetze – im Gegensatz zu den Festnetzen – einigermaßen gut ausgebaut sind. Sie lassen sich bei der Beratung, bei Geldgeschäften und bei der Vermarktung einsetzen und ermöglichen eine Zusammenarbeit mit Berufskolleginnen und -kollegen.

Das kleinbäuerliche Modell einer agrarökologischen Landwirtschaft, das im Einzelfall bis zur Zertifizierung und damit zu einer Qualitätsgarantie führen kann, die insbesondere auf weiter entfernten Märkten von Nutzen ist, ist deshalb ein Erfolgsmodell der staatlichen und privaten Entwicklungszusammenarbeit. Partnerschaften zwischen Nichtregierungsorganisationen und bäuerlichen Initiativen stärken solche Erfolgsmodelle. Je mehr dieser erfolgreichen Beispiele entstehen, desto größer ist ihre Wirkung auf die Transformation der Landwirtschaft und der Ernährung. Dies wird letztlich auch die gesamte Gesellschaft verändern, denn Essen ist ein Grundbedürfnis, das alle gesellschaftlichen Schichten und Akteure miteinander verbindet.

Kleinbäuerinnen und Kleinbauern sind nicht zuletzt für die sorgsame Pflege des großen traditionellen Wissenspools der Landwirtschaft zuständig. Das ist für eine an den Standort angepasste gute fachliche Praxis unentbehrlich. Traditionelles Wissen ist auch für die moderne Wissenschaft relevant und muss immer wieder bei den Bäuerinnen und Bauern eingeholt werden. Christian Vogl, Professor an der Universität für Bodenkultur in Wien, tut dies mit seinen Studierenden seit 30 Jahren. Einer seiner Forschungsschwerpunkte ist bäuerliches Erfahrungswissen. Dieses bewusst auch für die moderne Landwirtschaft zu reaktivieren, auf seine Nutzbarkeit und seine ökonomischen Vorteile hin zu überprüfen und mit wissenschaftlicher Unterstützung neue, modernisierte Techniken zu entwickeln, ist ein Charakteristikum der Biolandbauforschung.

Als Beispiel kann die Verfütterung von Futter-Esparsette *(Onobrychis viciifolia)* zur Entwurmung von Weidetieren dienen, eine Methode, die die Bauern nutzten, bevor es chemische Wurmmittel gab. Durch moderne Züchtungsprogramme wird der Ertrag der alten Kulturpflanze Esparsette erhöht und gleichzeitig die Konkurrenzfähigkeit der Saat gegenüber Unkraut verbessert. Gleichzeitig wird darauf geachtet, dass der hohe Gehalt an Gerbstoffen in Form kondensierter Tannine, die typisch für die alten Kultursorten und Wildformen sind, nicht verloren geht; diese sind nämlich für die entwurmende sowie für die adstringierende Wirkung bei Durchfall verantwortlich.

Mit ihren diesbezüglichen Aktivitäten und Abklärungen haben Felix Heckendorn und weitere Kolleginnen und Kollegen am FiBL und bei Agroscope nicht nur Dissertationen verfasst, sondern für interessierte Schafhalter auch die chemische Entwurmung ihrer Tiere überflüssig gemacht. Die Fähigkeit zur Innovation, basierend auf guten Ideen und dem Willen, neue Märkte zu schaffen, verändert die Landwirtschaft. So hat zum Beispiel das Jungunternehmen AlpenHirt aus dem Schweizer Kanton Graubünden wegen eines Forschungsprojekts begonnen, wieder Hanf anzubauen. In Form von Mehl und Öl liefern die Nüsse der THC-armen Pflanzen gleich viel Protein pro Hektar wie die hochgezüchtete Sojabohne. Die Nüsse können aber auch direkt gegessen werden – sie enthalten mehr als 60 Prozent Eiweiß. Eine solche botanische Bereicherung der Fruchtfolge ist ausgesprochen wertvoll, denn Hanf ist eine sehr gute Vorfrucht für Getreide. Er belebt den Boden, ist widerstandsfähig gegenüber Krankheiten und Schädlingen und unterdrückt selbst Unkräuter, eine Eigenschaft, die sich sonst nur bei Ansaaten von Gras-Klee-Gemischen findet. Auch ohne THC ist Hanf eine gesundheitsfördernde Nutzpflanze. Als alte, fast vergessene Kulturpflanze hat er genau die Eigenschaften, die den Bedürfnissen moderner Landwirtschaft und Ernährung entgegenkommen.

Aber ...

Und doch ist die wirtschaftliche und gesellschaftliche Realität der meisten Kleinbäuerinnen und Kleinbauern eine ganz andere. Sie bewirtschaften oft marginale Standorte, die weniger günstig und produktiv sind. Sie handeln nicht vorausschauend, weil kurzfristige wirtschaftliche Engpässe sie unter Druck setzen. So kommt es zu Bodenerosion und Überbeweidung samt Zerstörung der Grasnarbe. Kulturen, die einen geringen kommerziellen Wert haben, wie etwa Klee, werden nicht angebaut. Solche Betriebe überstehen lange Phasen der Trockenheit und große Regenmengen schlecht. Landflucht und Verstädterung werden durch Kleinbäuerinnen und Kleinbauern in Schwierigkeiten weiter beschleunigt.

Die Zukunft wird noch stärker von Extremen und disruptiven Entwicklungen geprägt sein. Das schwächt oder verunmöglicht den kontinuierlichen Aufbau einer nachhaltigen, wissensintensiven kleinbäuerlichen Landwirtschaft. Disruptive Entwicklungen führen auch immer wieder zu Unterbrechungen in den Lieferketten von der landwirtschaftlichen Produktion bis zum Konsum. Das hat auch die Pandemie 2020 gezeigt, die nicht abgeerntete Felder, in Lagern verderbende Lebensmittel und gleichzeitig lokalen Hunger zur Folge hatte. Mittlerweile empfehlen die Fachleute der FAO vermehrt Lösungen, die auf robusten oder resilienten, sehr anpassungsfähigen Systemen beruhen. Dazu zählen Agrarökologie statt Monokultur, kurze Ernährungsketten statt globalen Handels und lokale Lebensmittelverarbeitung statt internationaler Fertigprodukte.

Die menschliche Gesellschaft steht also vor einem großen Anpassungsprozess und muss deshalb mehrere Strategien gleichzeitig verfolgen. Das Verständnis dafür, dass diese parallel zur Problemlösung beitragen können, widerspricht aber dem Bedürfnis vieler Menschen und gesellschaftlichen Gruppierungen, mit Überzeugung für das Richtige einzustehen. Doch Missionieren führt auch in der wichtigsten Zukunftsfrage, nämlich, wie man die Menschen nachhaltig ernähren kann, zu keiner Lösung.

Ohne Zweifel sind wir heute Zeuginnen und Zeugen einer der größten Umwälzungen in der Landwirtschaft: der Digitalisierung. Sie hilft zwar auch den Kleinbauern im globalen Süden, wird aber vor allem großtechnologischen Lösungen Vorschub leisten. Diese Lehre können wir ganz klar aus der Corona-Pandemie ziehen. Die **94** Digitalisierung erfasst alle landwirtschaftlichen Produktionsweisen – egal, ob konventionelle, integrierte, agrarökologische oder biologische. Wie die Molekularbiologie und Nanotechnologie, die eigentlich für die Anwendung in der Medizin und in der Industrie vorangetrieben wurden, überrollt die Digitalisierung so nebenbei auch Landwirtschaft und Ernährung. Die scharf gezogenen Grenzen zwischen verschiedenen Anbausystemen werden dabei verwischt.

Nicht von ungefähr spricht man im 21. Jahrhundert nicht nur von disruptiven Entwicklungen, sondern auch von disruptiven Technologien, die notwendig sind, um die großen Probleme zu bewältigen. Damit sind Erfindungen und Innovationen gemeint, die sich in relativ kurzer Zeit dominant durchsetzen und Leben sowie Arbeitswelt revolutionär verändern. Beispiel für eine solche Technologie ist das Smartphone, das nicht nur die Kommunikation umgekrempelt hat, sondern auch die Informationsbeschaffung, die Organisation des täglichen Berufs- und Privatlebens, die sozialen Gewohnheiten und die Art, wie der Mensch den Dienstleistungssektor nutzt – vom Einkaufen über Banken, Post und Versicherungen bis hin zu Behörden und Gesundheitsdiensten. Selbst die Oma im Altersheim nützt das Handy und erzählt ihrer Enkelin über Skype eine Gutenachtgeschichte.

Eine weitere solche Technologie ist das Mobilfunknetz, das das Festnetz zusehends verdrängt. In Afrika, wo der Ausbau von Festnetzen eher vernachlässigt worden ist, investiert man heute direkt in Mobilfunknetze und zieht so innert weniger Jahre mit Europa und den USA gleich – was ein gewaltiges geopolitisches Veränderungspotenzial in sich birgt. Die großen wirtschaftlichen Wachstumszentren der Zukunft liegen auf dem afrikanischen Kontinent. Diese können heute schon mehr als 90 Prozent der Klimaflüchtlinge aufnehmen und zukünftig auch beschäftigen. Armes Europa, dessen „Willkommenskultur" dereinst gar nicht mehr gefragt sein wird!

Bei der Digitalisierung geht es natürlich um die Automatisierung von Arbeit. Das erfordert, dass jedes landwirtschaftliche Gerät exakt weiß, wo es sich befindet. Dabei kann auf alle Satelliten und Funkstationen zurückgegriffen werden, die das Militär sowie der Flug-, Wasser- und Straßenverkehr zur Verfügung stellen. Die Landwirtschaft nutzt außerdem die digitalen Land- und Straßenkarten, die die mit Kameras und GPS ausgerüsteten Google-Autos unermüdlich aktualisieren. Im April 2016, als ich mit einem mehrfach gebrochenen Bein im Spital lag, war unser Haus in Frick auf Google Street View plötzlich mit einem Baugerüst verkleidet zu sehen; ein Jahr später erstrahlte es in dicker Isolation im schönen Rot südtoskanischer Häuser.

Die Digitalisierung basiert auf ungeheuren Datenmengen, die laufend generiert werden. Man kann eine Unzahl von Daten zur Genetik von Wild- und Nutzpflanzen und zu den Standorten, an denen sie wachsen, sammeln und diese auswerten, mit ihnen unterschiedlichste Berechnungen anstellen. In Afrika wurde das zum Beispiel mit dem wilden Maniok, einem Wolfsmilchgewächs, gemacht. Es ließen sich Tausende von Pflanzen charakterisieren und Informationen aus dem Genom mit Umweltfaktoren wie Trockenheitsstresstoleranz, Nährstoffaufnahmevermögen oder Schädlings- und Krankheitsanfälligkeit korrelieren. So konnten in den Wildpflanzen gewünschte Eigenschaften für den Kultur-Maniok identifiziert und durch entsprechende Zuchtmaßnahmen eingekreuzt werden.

In der Schweiz werden Direktzahlungen an die Bäuerinnen und Bauern anhand der Daten, die für jede Parzelle im Geografischen Informationssystem GIS hinterlegt sind, ausbezahlt. Dort kann man einsehen, dass es sich bei einer Parzelle zum Beispiel um eine extensiv genutzte Wiese der Qualitätsstufe eins in der Talzone handelt, die nicht vor dem 15. Juni geschnitten werden darf. Für ihre Pflege erhält der Landwirt einen Beitrag in Höhe von 1.350 Schweizer Franken pro Hektar und Jahr. In der EU wird hingegen leider immer noch diskutiert, ob eine zielgerichtete Bezahlung für die Erbringung von Umweltleistungen, sogenannter öffentlicher Güter, überhaupt möglich sei oder ob dadurch der staatliche Regulierungs- und Kontrollapparat nicht stark aufgebläht würde. Mit den Fortschritten in der Digitalisierung entstehen nun ganz andere Möglichkeiten, die mehr als 50 Milliarden Euro Unterstützungszahlungen an die Landwirtschaft für die Ökologisierung zu nutzen.

Hermann Auernhammer, emeritierter Professor für Technik in Pflanzenbau und Landschaftspflege an der Technischen Universität München, hat vor 20 Jahren vorausgesagt, dass die Zeit der großen Landmaschinen bald vorbei sein werde. Die technische Entwicklung gehe von riesigen Traktoren, die schwere Maschinen hinter sich herziehen, zurück in Richtung selbstfahrende kleinere Maschinen, die weniger Energie verbrauchen und die Böden nicht verdichten. Diese Maschinen sind GPS-gesteuert und spulen programmierte Arbeitsabläufe ab. Auch die Roboter, die in der Landwirtschaft zum Einsatz kommen, würden in Zukunft immer kleiner. Mikroroboter, die an Pflanzen hochklettern können und dort Arbeiten verrichten, seien laut Auernhammer schon bald funktionstüchtig. Nanoroboter könnten schließlich sogar innerhalb der Leitbahnen der Pflanzen, wo Nährstoffe von den Wurzeln zu den Blättern und Assimilate von den Blättern zu den Wurzeln fließen, Reparaturarbeiten oder Messungen durchführen. So könnten derartige Nanohelfer zum Beispiel in Echtzeit den Turgordruck, das heißt den Wasserbedarf, in den Pflanzenzellen messen und die Daten aus dem Feld in hoher Auflösung an die Steuerung der Tröpfchenbewässerung senden, wodurch sich die Wassergaben laufend und kleinräumig anpassen ließen. Das Einsparungspotenzial für Süßwasser zur Bewässerung von Feld- und gedeckten Kulturen wären gigantisch. Denn die Landwirtschaft verbraucht 70 Prozent des geförderten Süßwassers; der sparsame Umgang mit diesem kostbaren Gut ist also alternativlos.

Schon heute sind Geräte mit Datenübertragung im Einsatz. Sie haben Sensoren, Kameras und Tastarme, sind permanent mit GPS verbunden, wie es auch jeder Kleinwagen ist. Demnächst kann ein Hackgerät nicht nur automatisch und ganz exakt in der Spur gehalten werden, sodass der Bereich zwischen den Getreide-, Zuckerrüben-, Kartoffel- oder Gemüsereihen gejätet werden kann. Nein, die Software vermag anhand der Blattform ein Unkraut wie die Ackermelde (Chenopodium album) auch selbständig von einer Weizenpflanze zu unterscheiden und zielgenau zu beseitigen. Es wird nicht mehr lange dauern, dann wird auch der Traktorfahrer

überflüssig. Kleinere Roboter fahren Tag und Nacht – aber nur bei
guten Bodenbedingungen – durchs Feld und jäten fleißig. Sogar die
solarbetriebene Ladestation fahren sie eigenständig an, um ihre
Batterien wieder aufzuladen. Noch gilt es einige Tücken zu bewältigen, aber das wird den Technikerinnen und Agraringenieuren ge-
lingen. Die Zahl der Start-up-Unternehmen, die Lösungen aus der
Forschung in die praktische Entwicklung bringen, nimmt laufend
zu. Schließlich hätte vor 15 Jahren auch niemand geglaubt, dass
der Staubsauger und der Rasenmäher einmal selbständig werden
würden und uns im Büro darüber informieren, wie weit sie zu Hause
schon mit ihrer Arbeit sind.

Einen anderen Weg ist der Milliardär Douglas Tompkins gegan-
gen. Er hat sein ganzes Vermögen aus dem Verkauf der Firmen The
North Face und Esprit in den Naturschutz und in die biologische
Landwirtschaft investiert. In Chile und Argentinien hat er insgesamt
10.000 Quadratkilometer Regenwald und Naturparks gekauft, um
diese wirksam vor dem Abholzen zu schützen. In Argentinien betrieb er außerdem die biologische Farm Laguna Blanca. Der 3.000
Hektar große Betrieb litt unter einem zu intensiven Ackerbau, der
die Biodiversität zerstörte und die Böden erodieren ließ. Im Zuge
der Umstellung auf Bio begannen Tompkins und sein Team mittels Methoden der Präzisionslandwirtschaft alle Felder entlang der
Geländekonturen in Streifen mit jeweils wechselnden Kulturen zu
bearbeiten. So malten die landwirtschaftlichen Mitarbeiter wun-
derschön geschwungene Linienstrukturen in die zuvor riesigen
rechteckigen Felder, auf denen keine richtige Kulturfolge praktiziert
worden war. Heraus kamen eine große biologische Vielfalt, frucht-
bare Böden und eine schöne, abwechslungsreiche Landschaft. Die
Lösung lag also in der Kombination von Natur und Hightech. Die
landwirtschaftlichen Mitarbeiter auf den Traktoren bezeichneten
sich als „Landschaftsmaler".

Und doch, auch die Digitalisierung löst Ängste aus. Jede Maschi-
ne, jedes Feld, jede Kuh und jeder Hühnerstall generiert Daten und
sendet diese in die Cloud. Die Miniaturisierung von Funksendern
und Sensoren ermöglicht es, das Internet der Dinge zu bauen, eine
Technologie, die zum Beispiel vom Dachverband der europäischen
Biobauern (IFOAM EU) als Chance bezeichnet wird. Die kleinsten

intelligenten Sensorknoten sind mittlerweile weniger als einen Millimeter groß und können gemessene Daten senden. Die Reichweiten der Signale werden dabei immer besser und der Energieverbrauch der Sender geringer. Man spricht heute von Smart Dust, also einer Staubwolke von Sensorknoten, die sich zu Netzwerken verbinden und Informationen austauschen. Google hat bereits begonnen, auch Landwirtschaftsflächen zu fotografieren. Von Satelliten der Europäischen Weltraumorganisation wurden in Zusammenarbeit mit dem französischen Zertifizierungsunternehmen Ecocert multi- und hyperspektrale Bilder von landwirtschaftlichen Flächen in Russland gemacht, anhand derer mit 80-prozentiger Sicherheit auszumachen war, ob es sich um biologische oder konventionelle Bewirtschaftung handelte. Ob ein Getreidefeld gestriegelt oder mit chemischen Unkrautvertilgern gespritzt ist, kann an feinsten Farbunterschieden erkannt werden. Ebenso, ob Apfelbäume dank Fungiziden und Insektiziden kerngesund sind oder ob die Blätter wegen der Anwendung von weniger wirksamen biologischen Pflanzenschutzmitteln leichte Krankheitsinfektionen aufweisen.

Der vollständig gläserne Betrieb wird schon in naher Zukunft Realität sein. Man kann sogar noch einen Schritt weitergehen: Alle Daten laufen beim Zertifizierungsunternehmen und bei der Administration der Landwirtschaftsämter zusammen und lösen dort automatisch die richtige Zertifizierung aus. Die öffentlichen Direktzahlungen werden daraufhin entsprechend der vordefinierten Zweckbestimmungen ausbezahlt. Alles sehr effizient, sehr wirkungsorientiert und mit geringem Personalaufwand verbunden. Viele Biobäuerinnen und Biobauern beklagen sich heutzutage ja, dass auf einen Bauern ein Beamter komme, der eine Kontrolle durchführe. Dank der Blockchain-Technologie, die Informationen von Tausenden Servern und Datenpools abgleicht, kann Vertrauen zwischen Menschen, das normalerweise auf Nähe beruht, durch eine digitale Sicherheit – auch über große Distanzen hinweg – ersetzt werden.

Konsumentinnen und Konsumenten erhalten mit den bei Amazon bestellten täglichen Biopaketen einen Beipackzettel (oder auch nur einen QR-Code), der darüber informiert, wie viele Stunden das Huhn, von dem ihr Ei stammt, täglich in der Sonne scharrt. Haben wir nicht alle in unserer Jugend begeistert Aldous Huxleys *Brave New World* gelesen, diesen warnenden Fingerzeig auf die drohende Entmenschlichung der Gesellschaft durch den wissenschaftlichen Fortschritt? Bringen wir etwas mehr als 85 Jahre später die Angstvorstellung dieses durch den Ersten Weltkrieg geprägten Pazifisten zur vollendeten Umsetzung? Zuversichtlich mahnte der britische Zoologe, Unternehmer und Autor Matt Ridley in seinem Buch *How Innovation Works: And Why It Flourishes in Freedom* zu weniger Angst im Umgang mit innovativen Technologien, die irrational von Mary Shelleys Schauerroman *Frankenstein oder Der moderne Prometheus* geprägt sei.

Bilder prägen die Wirklichkeit

———————————————— oder

Warum die Gegenüberstellung von „natürlich" und „künstlich" in der Landwirtschaft vermutlich falsch ist

Kapitel 10

„Natur und Kunst, sie scheinen sich zu fliehen,
Und haben sich, eh' man es denkt, gefunden;
Der Widerwille ist auch mir verschwunden,
Und beide scheinen gleich mich anzuziehen."

Johann Wolfgang von Goethe, Natur und Kunst (1800)

„Der Begriff ‚natürlich' wird gebraucht, um all das zu
bestimmen, was nicht vom Menschen gemacht oder
beeinflusst ist – speziell durch Technologie."

*Antonio Machado, Professor für Ökologie an der Universität
La Laguna auf Teneriffa (Übersetzung durch den Autor)*

Die Natürlichkeit und die Naturbelassenheit von Produkten wie
auch von Prozessen sind für das Selbstverständnis der Biobäuerinnen und Biobauern wichtig. Das Gegensatzpaar „natürlich"
und „künstlich" wird sehr häufig auf den biologischen und den
konventionellen Landbau angewendet. Es ist mittlerweile das
wichtigste Kriterium geworden, um Techniken, Betriebsmittel,
Lebensmittelverarbeitungsprozesse, Zusatzstoffe, Verarbeitungs-
hilfen und Verpackungen auf ihre Eignung für den Biolandbau hin
zu bewerten. Ob etwas natürlich oder künstlich ist, ist aber keine
objektive Eigenschaft – sondern ein soziokulturelles Konstrukt des
späten 18. Jahrhunderts. Ein Einfluss für dieses Konstrukt war der
Genfer Philosoph Jean-Jacques Rousseau, auf ähnliche Weise, wie
er mit dem ihm zugeschriebenen Zitat *„Retour à la nature"* Ende des
19. Jahrhunderts eine ganze Welle von Protestbewegungen gegen die
Folgen der Industrialisierung auslösen sollte – obwohl dieses so in
seinen Schriften gar nicht zu finden ist. Auch als der Biolandbau in
Deutschland entstand, bezeichneten die ersten Pioniere, die von der
Stadt wieder aufs Land zogen, ihre Art des Gartenbaus als natür-
lichen Landbau. In dieser Zeit entstand auch die Obstbaukolonie
Eden in Berlin-Oranienburg.

Der Naturschützer und Ökologe Antonio Machado bezeichnete nur Zustände, die nie vom Menschen und seiner Technik beeinflusst wurden, als natürlich. Eine gegenteilige Position hatte der Klimaforscher und Psychologe Adam Corner von der Cardiff University in Wales: Da der Mensch Teil der Natur sei, seien auch all seine Aktivitäten als natürlich zu bezeichnen. Schon für Goethe näherten sich Natur und Kunst einander an und konnten nicht scharf voneinander abgegrenzt werden.

Alles, was die Landwirtschaft macht und was sie ausmacht, ist menschen- und technologiebeeinflusst. Die erste Astgabel, die vor 12.000 Jahren in Mesopotamien eine Pflugfurche zog und damit die Mineralisierung der Nährstoffe ankurbelte, hat die nachfolgende Ernte der Definition von Machado zufolge zu etwas Künstlichem gemacht. Seither haben Tausende von menschlichen Eingriffen zur heutigen Landwirtschaft geführt. Bezieht man sich auf Corners Sichtweise, so ist all das menschengemacht, also natürlich. Das Kriterium Natürlichkeit ist also völlig ungeeignet dafür, die Landwirtschaft und seine Produkte differenziert zu beschreiben.

Ein Beispiel: Die Wildgerste ist ein Gras, das winzige Samen ausbildet. Tausend Samen haben vermutlich ein Gewicht von weniger als einem halben Gramm. Eine moderne Sorte aus der Kreuzungszüchtung hat Körner, die hundertmal schwerer sind. Ihr sogenanntes Tausendkorngewicht, eine verbreitete Kenngröße für Saatgut, liegt bei 30 bis 55 Gramm. Eine genomeditierte Gerstensorte mit verbesserter Resistenz gegen Mehltau unterscheidet sich nur unmerklich von der Gerste aus Kreuzungszüchtung. Was davon ist natürlich und was ist künstlich? Der Naturschutzexperte Machado würde die Wildgerste als natürlich apostrophieren, die beiden Züchtungen als künstlich. Der Klimaforscher und Psychologe Adam Corner würde alle drei als natürlich bezeichnen.

Das Bemühen, natürlicher zu sein, ist ein gutes Marketingargument. Aber in wichtigen Punkten leidet darunter die Nachhaltigkeit der Produktion und der Verarbeitung. So erschwert oder verunmöglicht es die Rückgewinnung von Phosphor aus Klärschlämmen, weil die Ausfällung des Phosphors mittels Säuren und Laugen sowie die synthetischen Polymere, die dabei als Flockungsmittel zum Einsatz kommen, kritisch gesehen werden. Der Phosphordünger Struvit, der aus Klärschlämmen gewonnen wird, ist ein exzellentes Beispiel für die Wiedergewinnung eines Rohstoffs, der endlich ist. Oder synthetisch bzw. enzymatisch hergestellte essenzielle Aminosäuren in Futtermitteln: Wird auf sie verzichtet und in Kauf genommen, dass zu niedrige Lysin- und Methioningehalte die Futtermittelverwertungseffizienz verschlechtern, müssen Schweine und Hühner deutlich mehr Kraftfutter fressen. Was eine größere Anbaufläche zur Folge hat; außerdem fällt erheblich mehr Gülle an.

In Zukunft werden Widersprüche zwischen einer echten Nachhaltigkeit und dem Wunsch, die Natürlichkeit und Integrität gewisser Verfahren und Stoffe sicherzustellen, zunehmen. In mehreren von der EU finanzierten Forschungsvorhaben arbeiten Teams an Pflanzenbehandlungsmitteln, die die im Obst-, Wein- und Gartenbau gegen Krankheiten und Schädlinge versprühten Biomittel ersetzen sollen. Einiges von dem, was heute im Biolandbau ausgebracht wird, ist für die Umwelt nicht problemlos. Dazu gehören Fungizide, die Kupfer beinhalten, Mineralöle, die gegen Insekten eingesetzt werden, sowie die nicht selektiv wirkenden Insektizide Spinosin und Pyrethrin, beides Naturprodukte.

Als potenziell erfolgreiche Ersatzprodukte für Kupfer gelten verschiedene Pflanzenextrakte. Bei diesen kann sich die Frage stellen, wie aufwendig ihre Extraktion ist bzw. zu welchem Preis sie hergestellt werden können und welcher Energieverbrauch dabei anfällt. Als Beispiel kann man die Extraktion eines fungiziden Wirkstoffs aus Rindenmaterial der Europäischen Lärche (*Larix decidua*) durch das FiBL anführen. Obwohl im Waldbau genügend Holz geschlagen wird, ist die Menge an Material, die nötig ist, um an genügend Wirkstoff zu kommen, schier beängstigend. Vermutlich ließe sich der gleiche Wirkstoff auch im Labor herstellen und auf den Markt bringen. Es wäre ein hervorragendes Produkt, eigentlich identisch mit dem natürlichen Wirkstoff, ökologisch und energiearm hergestellt – aber eben nicht „natürlich".

Die Vielfalt der Landwirtschaft

oder

Klein gegen Groß

Kapitel 11

Die starke Polarisierung der Debatte um konventionelle und biologische Landwirtschaft verstellt den Blick auf die große Vielfalt
landwirtschaftlicher Aktivitäten und der Formen der Landnutzung.
In vielen Regionen der Welt gibt es noch ganz traditionelle Methoden, wie das Land bewirtschaftet wird, zum Beispiel die Subsistenzlandwirtschaft in tropischen Klimazonen und die extensive
Weidenutzung, auch Pastoralismus genannt, in Trockensteppen,
auf tropischen Savannenböden oder in der Tundra. Die Hirten
auf den Hochplateaus Nordtibets etwa haben sich mit ihren Yaks
perfekt an das unwirtliche Klima angepasst. Im Frühjahr, wenn
das Gras der weiten Weidelandschaft zu wachsen beginnt, geben
die Yakkühe große Mengen äußerst gehaltvoller Milch. Die Kälber
wachsen sehr schnell und fangen dann rasch an, Gras zu fressen.
Die Hirten ziehen während der Vegetationsperiode jeweils zu den
besten Weideflächen. Die Vegetation ist dabei nie übernutzt, weil
genauso viele Tiere gehalten werden, wie es das Weideland mit
seinem Pflanzenwachstum hergibt. Aus der Yakmilch stellen die
Hirten Käse und Butter her. Da sie ihre Tiere so lieben, dass sie sie
nicht selbst töten wollen, werden die Yaks zum Schlachten nach
China gebracht. Das Fleisch wird dann wieder zurückgenommen.

Solche extensiven Landwirtschaftsformen – und es gibt noch unzählige weitere, denn die Vielfalt der Landwirtschaft ist unendlich
groß – halten sich seit Jahrhunderten konstant. Nur dort, wo der
Klimawandel die gut eingespielte und über Generationen erfolgreiche Bewirtschaftung erschwert, geraten sie aus dem ökologischen
und ökonomischen Gleichgewicht. Bei lang anhaltender Trockenheit
zum Beispiel können Vegetation und Böden durch Überbeweidung
erodieren. Kleine Subsistenzlandwirte geraten oft in existenzielle
Schwierigkeiten, wenn sie auf Pump Saatgut kaufen und ihre Ernte
dann aus diversen Gründen gering ausfällt. Auch hier erweist sich
der Klimawandel zusehends als größter Unsicherheitsfaktor.

Neben der ökologischen Integrität sind die ökonomische Resilienz, das soziale Wohlergehen und die gute Unternehmensfüh-
rung ganz wichtige Aspekte der Nachhaltigkeit. Viele Subsistenz-
betriebe, in denen das Wissen vieler Generationen steckt, erfüllen
diese Nachhaltigkeitskriterien heute nicht mehr. Betriebe werden
aufgegeben und Menschen, die früher in der Landwirtschaft tätig

waren, ziehen in die Städte. In gemäßigten Klimazonen auf der Nord- und Südhälfte der Erdkugel wiederum sind die intensivsten landwirtschaftlichen Produktionssysteme beheimatet. Die Bewirtschaftung ist generell so intensiv, dass Unterschiede zwischen den Anbausystemen gering ausfallen. So findet man in kühleren Gebieten konventionelle und biologische Grünlandbetriebe mit Milchvieh, die beide botanisch verarmt sind. Nur die besten Betriebsleiter, die Wiesen bewusst gestaffelt schneiden und die Gülle auf dem späten Schnitt zurückhaltend einsetzen, erzielen eine hohe Vielfalt an Wiesenpflanzen, die etwa für bodenbrütende Vögel wie das Braunkehlchen überlebenswichtig sind. Das kann sowohl bei Bio- wie bei konventionellen Betrieben der Fall sein.

In den Niederlanden unterscheiden sich intensiv bewirtschaftete Gemüsebetriebe – ob konventionell oder biologisch – oft nicht grundsätzlich voneinander, sondern nur tendenziell hinsichtlich ihrer Nachhaltigkeit. Ähnlich sieht es mit den Ackerbausystemen in den gemäßigten Zonen aus. Gab es dort ursprünglich relativ vielfältige Systeme mit einer reichhaltigen und standortangepassten Ackerunkrautflora, auch Segetalflora genannt, so hat die moderne Agrartechnik nach und nach monotone Felder geschaffen, auf denen wenige Kulturarten – jene, die Geld einbringen – vorherrschend sind.

Die heutige Ernährung basiert auf sehr wenigen Kulturpflanzen und botanischen Arten. Dass wir das Gefühl haben, es gäbe eine unglaubliche Lebensmittelvielfalt, ist der Raffinesse der verarbeitenden Industrie zu verdanken. Der gleiche Rohstoff wird unterschiedlich gemahlen, gepufft, extrudiert, geröstet und zu beliebigen Formen verarbeitet. Aromen und Farbstoff machen die Illusion von Vielfalt perfekt. Professorin Barbara Burlingame von der Massey University in Neuseeland arbeitete 16 Jahre lang bei der FAO in Rom im Themenbereich Biodiversität und gesunde Ernährung. Eine Beobachtung, die ihr Sorgen bereitete, war die zunehmende Verarmung der Vielfalt von Kulturpflanzen, aber auch von tierischen Nahrungsmitteln, bei denen Hühner, Schweine und Rinder andere genutzte domestizierte sowie gejagte Tierarten verdrängten. Denn dass beim Menschen früher Vielfalt auf dem Speiseplan stand, botanische wie tierische, führte zu weniger Fettsucht und zu einem gesunden Leben.

Die Landwirtschaft in den gemäßigten Zonen veränderte sich durch die Spezialisierung der Betriebe auf reinen Ackerbau oder auf die Tierhaltung massiv. Das von der Europäischen Union geförderte Forschungsprojekt BERAS hat gezeigt, wie sehr die Ostsee dadurch mit Stickstoff und Phosphor belastet worden ist. Die Tierhaltungsbetriebe verschmutzen mit ihrem Mist und der Gülle die Gewässer. Auf der anderen Seite fehlen den Ackerbaubetrieben genau diese Nährstoffe, weshalb sie aus der Düngerfabrik zugekauft werden. Das von Professor Artur Granstedt, Forschungsdirektor in Finnland und Schweden, koordinierte Projekt deckte die Schwächen der Spezialisierung landwirtschaftlicher Betriebe auf. Die reichhaltige Flora und Fauna der Ostsee wird durch die Nährstofffrachten aus der Landwirtschaft dezimiert und ist entlang der Küsten zum Teil großflächig abgestorben. Umfangreiche wissenschaftliche Modellberechnungen für landwirtschaftliche Betriebe in den Anrainerstaaten Schweden, Finnland, Estland, Lettland, Litauen und Polen zeigten, dass gemischte Ökobetriebe, die tierische Ausscheidungen als wertvolle Düngemittel aufbereiten und im Ackerbau anwenden, während sie gleichzeitig auf den Zukauf von Handelsdüngern verzichten, die Belastung deutlich reduzieren können.

Es ist absehbar, dass sich die Landwirtschaft in stadtfernen ländlichen Regionen weiter verändern und an die Abwanderung vieler Bauernfamilien anpassen wird. Große, von Wirtschaftsunternehmen oder Kooperativen geführte Betriebe werden zur vorherrschenden Betriebsform werden. Wegen der Landflucht wird die Landwirtschaft dort genauso den Gesetzen der *Economies of Scale* ausgesetzt sein, wie es die Industrie ist. Obwohl der Begriff industrielle Landwirtschaft negativ besetzt ist, muss es sich dabei um keine schlechte Entwicklung handeln. Das Wort industriell beschreibt schließlich eine Produktionsweise, die sich in allen anderen Lebensbereichen als segensreich, zumindest aber als wohlstandsfördernd oder das Leben erleichternd erwiesen hat. Henry Ford produzierte im ersten Viertel des 20. Jahrhunderts mit industriellen Methoden das Auto für alle: das Modell T. Die smarte Uhr an meinem Handgelenk, die von einem Unternehmen stammt, das wie kein anderer globaler Player industrielle Produktion mit einem modernen Lebensgefühl und urbaner Ästhetik versöhnt hat, hat einen 133.333 Mal größeren

Arbeitsspeicher als die ERMETH, die Elektronische Rechenmaschine der ETH in Zürich. Sie wog 1,5 Tonnen und wurde drei Jahre nach meiner Geburt als damals erster Computer in Europa in Betrieb genommen.

Die Landwirtschaft unterliegt genauso der Industrialisierung mit ihrer höheren Arbeitsproduktivität und wirtschaftlichen Skaleneffekten wie alle anderen Wirtschaftsbereiche. Ernährte ein deutscher Landwirt 1950 nur ca. zehn Menschen, so waren es 1980 bereits 47 und 2002 sogar 131. Die ältere Generation wird sich noch gut daran erinnern, wie viele Leute jeweils im Sommer in praller Hitze mit der Heuernte beschäftigt waren. Die Schulferien dauerten im Sommer zwei Monate, damit die Kinder bei der Heuernte dabei sein konnten, und selbst die entferntesten Verwandten aus der Stadt halfen tageweise mit. Heute erledigt ein Jungbauer mit modernsten Maschinen, Gebläsen, fortschrittlicher Fördertechnik und mit Belüftung in der klimatisierten Kabine seiner Zugmaschine – den aktuellen Sommerhit im Ohr – die ganze Arbeit. Und abends trifft er dann noch seine Freundin zum Schwimmen.

In dieser Entwicklungsdynamik haben Kleinbetriebe als isolierte Zellen geringere Chancen. Sie können aber in kooperativen Organisationsformen wirtschaftlich überleben und so auch am wachsenden Handel über immer größere Distanzen hinweg partizipieren. Auch für sie sind Arbeitsteilung und Spezialisierung möglich, und zwar auf Basis einer gut organisierten Zusammenarbeit. Das ist eine echte Alternative zum unbedingt nötigen Wachstum als dem einen Extrem und dem Geschlucktwerden als dem anderen. Immerhin sind 500 von 570 Millionen Landwirtschaftsbetrieben weltweit auch heute noch Familienbetriebe, die vorwiegend von Familien und deren Hände Arbeit betrieben werden.

Die Digitalisierung kann Kooperationen von mittleren und kleineren Betrieben wirkungsvoll unterstützen. Die Betriebe bleiben in ihren Grenzen erhalten und im Besitz des jeweiligen Landeigentümers. Die vielen Teilparzellen werden zu Gewannen zusammengefügt, auf denen jeweils ein Fruchtfolgeglied angebaut wird. Ökologische Vorrangflächen, die für die Vielfalt und die Resilienz wichtig sind, werden auf dem Gesamtareal des virtuell neu geschaffenen gemeinsamen Betriebs so angelegt, dass für Wildtiere und Wildpflanzen Korridore und Vernetzungen entstehen, die ihren Lebensraum schützen. Die Einsparungen durch vermiedene Bodenverdichtungen, weil Wendemanöver unterbleiben, sind enorm. Die Fahrzeiten der Maschinen – sie werden gemeinsam angeschafft – und die Arbeitszeiten verkürzen sich erheblich. Der bäuerliche Gewinn steigt deutlich an. Dabei kann die Produktivität jeder Teilparzelle erfasst werden, wodurch sich die Erträge gerecht auf die beteiligten Landwirtinnen und Landwirte aufteilen lassen.

Große Betriebe können ebenfalls nachhaltig, nach agrarökologischen Gesichtspunkten bewirtschaftet werden. Hier hat die Präzisionslandwirtschaft, richtig angewendet, riesiges Potenzial. Am Beispiel der 3.000 Hektar des Betriebs Laguna Blanca habe ich dies bereits erläutert. Damit können Fehlentwicklungen in der Landtechnik der letzten hundert Jahre korrigiert werden. Ein eindrückliches Beispiel dafür konnte ich in Brandenburg sehen. Ursprünglich, also noch zu DDR-Zeiten, waren die Felder des heute 1.500 Hektar großen Demeterbetriebs Ökodorf Brodowin im Biosphärenreservat Schorfheide-Chorin ungeachtet der Bodenkonturen, der Senken und kleinen Erhebungen, angelegt worden. Hecken, kleine, steinige Hügel und feuchte Stellen wurden gemäß den Vorstellungen des Landwirtschaftskombinats gewaltsam mit dem Pflug gewendet. Darauf wurde dann mit Sämaschinen die Saat ausgebracht und schließlich mit Mähdreschern geerntet. Im Zuge der Umstellung auf Demeter im Jahr 1990 wurden die natürlichen Geländeunterschiede wieder berücksichtigt, Hecken wieder installiert, die alten Hügel mit Trockenvegetation wieder der Natur überlassen. Und siehe da, bald schon stellten sich wieder die ursprünglichen Orchideenwiesen ein.

Bäuerliches Wissen wird trotz großer struktureller Änderungen, trotz Konzentrationsprozessen und Landflucht wichtig sein, weil nachhaltige Wirtschaftsweisen lokale und kleinräumige Intelligenz und Erfahrung brauchen. Da die Wege, auf denen über Jahrhunderte hinweg Wissen tradiert worden ist, zusehends unterbrochen sind, braucht es neue Expertinnen- und Expertensysteme. Die Schwarmintelligenz des Internets drängt sich hier geradezu auf. Der Schönheitsfehler daran ist nur, dass das im Internet dokumentierte Wissen aus der Zeit vor 1995 große Lücken aufweist, die sich durch die Digitalisierung der Buchbestände nur langsam schließen.

Agrarwissenschaftliche Arbeiten haben häufig keine besonders große Priorität. Weitgehend undokumentiert ist mündlich tradiertes
Wissen und viel graue Literatur, also nicht von Verlagen, sondern
im Auftrag von Privatpersonen Gedrucktes.

Zum Glück wächst unter Studierenden das Interesse an ethno-
botanischen, ethnopharmazeutischen und ethnomedizinischen
Arbeiten. Ein Beispiel dafür habe ich mit einem FiBL-Projekt über
den Einsatz von Esparsetten zur Entwurmung bereits gegeben. Auch
beginnen biologisch oder agrarökologisch wirtschaftende Bäuerinnen und Bauern zunehmend damit, selbst alte Ideen aufzuspüren
und wieder auszuprobieren. Der Optimismus, dass das Experten-
system Landwirtschaft und Ernährung immer kompletter wird, ist
also berechtigt. Die Aufgabe, diese Daten nicht nur zu sammeln und
zur Verfügung zu stellen, sondern intelligent zu analysieren und
aufzubereiten, werden große Suchmaschinen wie Google vermutlich lösen. Viele Technologiekonzerne sind regelrecht verrückt nach
maschinellem Lernen und zahlreiche Lehrstühle an Universitäten
beschäftigen sich mit der Theorie dahinter.

„Acker 4.0" und „Kuh 4.0" müssen also nicht unbedingt Gegen-
sätze von bäuerlicher Intelligenz und Erfahrung sein, sondern können sogar wesentlich dazu beitragen, dass dieses Know-how – obwohl immer mehr Menschen die Landwirtschaft hinter sich lassen
– weiterhin genutzt werden kann, zusammen mit dem modernsten
naturwissenschaftlichen, veterinärmedizinischen und sozioöko-
nomischen Wissen. Von diesen online abrufbaren Informationen
werden auch die vielen „neuen" Bäuerinnen und Bauern aus den
Städten, die oft nur auf Zeit in der Landwirtschaft tätig sind, enorm
profitieren.

Nachhaltig essen in einer großstädtischen globalen Gesellschaft

_____ oder

Die grünen Städte

Kapitel 12

„Bergler und Unterländer unterscheiden sich durch ihr
Lebensumfeld, nicht durch ihre Interessen, Wünsche,
Vorstellungen. Ja, auch die Menschen hier oben, in
Graubünden, dem Wallis oder im Berner Oberland, streben
nach Glück und materiellem Erfolg. Sie wollen leben,
nicht einfach überleben. Für viele von ihnen bedeutet die
‚Verstädterung' (...) Wohlstand und Lebensqualität."

David Sieber (Die Zeit, Nr. 19/2015)

Eine vielleicht ganz andere, aber nicht weniger spektakuläre Entwicklung wird die Landwirtschaft in städtischen Gebieten durchmachen. Die FAO prognostiziert, dass im Jahr 2050 drei Viertel der Menschheit in urbanen Megazentren oder deren Umland leben werden. Der sozial engagierte chilenische Architekt Alejandro Aravena, der 2016 die Architekturbiennale in Venedig leitete, hielt in einem Interview fest, dass jede Woche eine neue Stadt für eine Million Menschen erbaut werden müsste, um die landfliehende Bevölkerung aufnehmen zu können. Dies für 10.000 Euro pro Familie zu bewerkstelligen, erachtete er als die größte Herausforderung für Architektur und Städteplanung. „Wenn wir das nicht schaffen, kommen die Menschen trotzdem. Wir können sie nicht stoppen."

Wie schwierig es tatsächlich ist, zeigt die Schweiz mit ihren hohen Direktzahlungen. Im Jahr 2016 zum Beispiel erhielten die Bergbäuerinnen und Bergbauern in den Skigebieten des Kantons Graubünden im Durchschnitt 3.987 Schweizer Franken pro Hektar, also etwas mehr als 3.700 Euro. Zum Vergleich: Das EU-Land Österreich zahlte für seine Bergbauernbetriebe pro Hektar im Durchschnitt gerade einmal 300 Euro. Die hohen Zahlungen waren einerseits als Abgeltung für öffentliche Leistungen gedacht, etwa für die Freihaltung des von Skifahrern und Wanderern genutzten Erholungsraums von Bäumen und Büschen – was nur durch eine Mäh- und Weidenutzung ökonomisch sinnvoll sichergestellt werden kann. Andererseits sollten sie den demografischen Strukturwandel verlangsamen und die Bauernfamilien als wichtige Stützen des Gemeindewesens und des Tourismus in den Bergen halten. Doch trotz des vielen Geldes geht die Abwanderung ungebremst weiter. Die fehlenden Arbeitskräfte für die Tourismusindustrie werden aus den Balkanländern, der Ukraine, Polen und Russland geholt.

Die Versorgung von 7,5 bis 8,5 Milliarden Städterinnen und Städtern, die es im Jahr 2050 geben wird, ist vor allem eines: ein Problem der Logistik. Und zwar der Logistik von Waren, von Nährstoff- und Abfallflüssen, von Informationen, Kommunikation, Vertrauen und Sicherheit. Wie dieses Problem gelöst werden kann, hat das antike Rom schon vor mehr als 2.000 Jahren gezeigt. Zur Zeit von Christi Geburt hatte Rom eine Million Einwohner und war mit riesigem Abstand die größte Stadt der Welt. Eine Million Menschen täglich mit Lebensmitteln zu versorgen, war eine gigantische Herausforderung. Die Kaiser hüteten sich davor, die logistischen Probleme unzureichend zu lösen, denn das hätte ihren Sturz provoziert. Leicht verderbliche Lebensmittel wie Gemüse und Früchte kamen aus dem nahen Latium. Kuhherden wurden über lange Distanzen aus der südtoskanischen Maremma in die Schlachthäuser der Stadt getrieben. Die Schlachtung erfolgte wegen der schlechten Haltbarkeit von frischem Fleisch in direkter Nähe von dessen Konsum, weshalb Schlachthöfe in der Regel in der Stadt waren. Roms Schiffe transportierten Getreide aus Karthago, Ägypten, Sizilien und sogar von der Schwarzmeerküste der Ukraine auf dem Tiber mitten in die Stadt, wo es in großen Lagerhäusern trocken gelagert wurde. Wein und Olivenöl kamen aus Spanien, Schweine ebenso. Für Miesmuscheln fuhren die Schiffe in den Ärmelkanal, die Türkei und Kleinasien lieferten Gewürze.

Alle mittelalterlichen Städte organisierten ihre Lebensmittelversorgung nach dem Vorbild Roms. Der deutsche Agrarwissenschaftler, Nationalökonom und Sozialreformer Johann Heinrich von Thünen beschrieb dieses Organisationsprinzip vor 200 Jahren und entwickelte die berühmten Thünen'schen Ringe, die die Interaktion von Städten mit dem Land beschrieben, die Logistik der Lebensmittelversorgung vereinfachten und die Kontinuität der Ernährung der städtischen Bevölkerung sicherstellten. Erst billige Energie, Straßenbau, ausreichend Lastwagenkapazitäten und Kühlketten haben diese fest definierte Stadtstruktur schließlich aufgelöst.

In den wuchernden Städten der Jetztzeit zeichnet sich abermals ein städteplanerisches Umdenken ab. Istanbul zum Beispiel hat heute offiziell 15 Millionen Einwohnerinnen und Einwohner, inoffiziell mindestens 17 Millionen, im Ballungsraum Mexiko-Stadt leben etwa 21 Millionen Menschen, in Delhi sogar 29 Millionen, und an der Spitze steht derzeit Tokio mit rund 38 Millionen Einwohnern. All diese Städte stehen vor der großen logistischen Herausforderung, die sichere Versorgung ihrer Bevölkerung mit Lebensmitteln und Wasser zu garantieren, und sie müssen ihrer Erwärmung mit Hilfe von Grünoasen entgegenwirken. Sie überlegen deshalb etwa, selbst zu Lebensmittelerzeugern zu werden, weil sie im Fall von Konflikten und anderen Krisen plötzlich von der ständigen Zufuhr von Lebensmitteln abgeschnitten sein könnten.

Für die städtische Landwirtschaft kommen ganz unterschiedliche Formen der Lebensmittelerzeugung infrage. Das zurzeit unter jungen Leuten so beliebte Gärtnern in Containern, auf aufgeschütteten Humusschichten auf städtischen Brachflächen oder in Garten- und Parkanlagen wird stark zunehmen. Selbst Gemüse zu erzeugen, ist kein Modetrend, sondern entspricht einem echten Bedürfnis. Es sind aber weniger die einzelnen Menschen, die die Kontinuität von Urban Gardening sicherstellen, sondern es ist die einmal geschaffene Infrastruktur. Junge und Familien machen eine Zeit lang mit und hören dann wieder auf, andere steigen mit frischer Begeisterung ein.

Mit etwas mehr Aufwand können Hauswände von Wohngebäuden und ungenutzte Flachdächer in Grüne Lungen verwandelt werden. Dort können auch Kopfsalat, Kohlrabi, Tomaten, Stielmangold, Spinat, Kartoffeln, Bohnen, Erbsen, Palmkohl, Karotten, Radieschen, Rettich und vieles mehr wachsen.

Auch große Produktionssysteme sind in den Städten bereits entstanden. Der Tomatenfisch ist ein Beispiel dafür. Die Tomaten ernähren sich aus dem Abwasser der Fische und es entsteht ein perfekter Kreislauf. Die Firma Urban Farmers, ein Spin-off der Zürcher Hochschule für Angewandte Wissenschaften, betrieb zuerst in Basel und zwei Jahre später auch in Den Haag sogenannte Dachfarmen, in denen über 30 Gemüsesorten angebaut und Fische gezüchtet wurden. Die Aquaponik-Anlage in Den Haag war mit 2.000 Quadratmetern die bisher größte in Europa und produzierte jährlich 45 Tonnen Gemüse und 19 Tonnen Fisch. Sie sparte bis zu 90 Prozent Wasser und 10 Prozent Dünger im Vergleich zu einer gewöhnlichen Produktion. Je nach Wetter und Tageszeit wurden die Pflanzen mit LED-Licht beschienen. Schädlinge wurden mit deren natürlichen Feinden anstatt mit chemischen Pflanzenschutzmitteln bekämpft. Der Einfall des Sonnenlichts, die Wassertemperatur für die Fische, der Stickstoffgehalt im Düngerwasser und weitere wichtige Produktionsfaktoren wurden permanent mit Sensoren gemessen. Traten Unregelmäßigkeiten auf, wurde ein Urban Farmer durch den Alarm auf seinem Mobiltelefon auf den Plan gerufen.

Leider sind das alles Dinge, die in der Vergangenheitsform geschildert werden müssen. Fische und Gemüse aus dieser Anlage waren doppelt so teuer wie aus normalen Produktionssystemen. Positiv zu Buche schlug dabei, dass sie in unmittelbarer Nachbarschaft von Konsumentinnen und Konsumenten wuchsen und sich durch ungewöhnliche Frische, umweltfreundliche Produktion und besondere Qualität auszeichnen konnten. Selbst Gourmetköche bestätigten die Hochwertigkeit der Erzeugnisse. Die Betreiber setzten auf Premiumpreise und hofften, dass der Break-even durch weitere Kostensenkungen zu schaffen sein würde.

Beide Anlagen sind mittlerweile geschlossen, in Den Haag musste der Konkurs angemeldet werden. Wie das hohe Interesse der Medien und der Bevölkerung zeigte, lösten diese Experimente eine regelrechte Euphorie aus. Vorerst vergebens. Dank dem technischen Fortschritt werden solche Produktionssysteme aber sicher eine Zukunft haben. Besonders auch, weil die Produktion von Lebensmitteln Städte grüner und unabhängiger machen kann.

Niederländische Stadtplanerinnen und Stadtplaner haben faszinierende Ideen von lichtdurchfluteten Türmen entwickelt, die neben Pflanzen und Fischen auch andere Nutztiere einbeziehen. Sozusagen Kühe auf der Etage. Ich bin davon überzeugt, dass es von der Idee bis zur Umsetzung zwar noch zehn oder zwanzig Jahre dauern wird, aber auch davon, dass die technischen Probleme lösbar sind. Grundlage für diesen potenziellen Durchbruch künstlicher Produktionssysteme sind die gewaltigen Steigerungen der Lichtausbeute bei LED-Leuchtdioden Anfang des 21. Jahrhunderts. Dank einer Energieersparnis von mehr als 40 Prozent, geringer

Wärmeabstrahlung, kleinem Platzbedarf und langer Lebensdauer wurde damit die Gewächshausproduktion revolutioniert. Da sich überdies das abgegebene Farbspektrum gezielt steuern lässt, kann das Wachstum der Pflanzen beschleunigt und können Qualität und Inhaltsstoffe positiv beeinflusst werden. Die Pflanzen können etwa angeregt werden, verstärkt bioaktive Inhaltsstoffe wie Antioxidantien zu bilden. Karotten mit höherem Carotinoidgehalt? Bitte gerne, besser noch als an der Sonne gereiftes Biogemüse!

Interessanterweise sind es abermals die Niederländer, die die Möglichkeiten dieser Technologie für die umweltschonende, auf hohe Qualität ausgerichtete Landwirtschaft am konsequentesten vorantreiben. Als Berater eines Forschungsprogramms des niederländischen Landwirtschaftsministeriums musste ich vor sechs Jahren mehrere Dutzend Forschungsprojekte begutachten, die die Indoorproduktion von Lebensmitteln im Visier hatten. Noch etwas zaghaft arbeiten in Deutschland junge Menschen an Universitäten und in Start-ups an praktischen Lösungen, die sich daraus entwickeln lassen. Diese Art der Innovation hatte auch das Forschungsprogramm *Agrarsysteme der Zukunft* des Bundesministeriums für Bildung und Forschung in Berlin im Blick.

Der Münchner Max Lössl, einer dieser jungen Menschen, arbeitet mit großer Begeisterung an der Weiterentwicklung der vertikalen Landwirtschaft. Seine Firma Agrilution bietet fixfertige Wachstumskammern für den Privatgebrauch an, sogenannte *Plantcubes*, mit denen man zu Hause Gemüse und Kräuter produzieren kann. Was wie ein teures Hobby wirkt, ist auch für größere Produktionseinheiten in Entwicklung. Diese kann man auf städtischen Brachflächen oder in ausrangierten Fabrikhallen stapeln; Wasser und Strom anschließen – und schon geht die Produktion los.

Viele dieser neuen Produktionsformen erfüllen einzelne Anforderungen des biologischen Anbaus nicht. Sie sind zwar nachhaltig, arbeiten in geschlossenen Kreisläufen, tragen nicht zur Umweltverschmutzung bei, scheitern aber zum Beispiel am Verbot von künstlichen Substraten und erdlosem Anbau, das für den Biolandbau sehr wichtig ist.

Das klassische Berufsbild der Landwirtin und des Landwirts wird in Städten und deren Umfeld vermutlich verschwinden. Viele junge

Menschen aus anderen Berufen werden begeistert einsteigen. Sie werden von Konsumentinnen und Konsumenten sowie von Bürgerinitiativen durch freiwillige Mitarbeit, aber auch durch Kapital solidarisch unterstützt. Angestellte, Banker oder Kreative werden während einer Auszeit zu Teilzeitbäuerinnen und Teilzeitbauern.

Urbane Räume werden städteplanerisch in Zukunft noch weiter auswuchern. Ganze Landwirtschafts- und Gärtnereibetriebe werden geplant und in Städte integriert. Auf das Klima vor Ort und eine gewisse minimale Selbstversorgung kann das sehr positive Auswirkungen haben.

Sind Sie, liebe Leserin, lieber Leser, schon ein Prosumer? Nein? Dann wird es höchste Zeit. Der US-amerikanische Futurologe Alvin Toffler prägte den Begriff bereits 1980. In vielen Lebensbereichen sind Konsumentinnen und Konsumenten, die das, was sie brauchen, selbst herstellen, gesellschaftliche Realität. Als Beispiele seien Airbnb und Uber erwähnt, die daraus ein großes Geschäft gemacht haben. Bolt, ein Taxi- und Lieferdienst (zum Beispiel von Amazon-Paketen mit Lebensmitteln), wurde 2020 zum am schnellsten wachsenden Unternehmen Europas gewählt.

Auch die eher ideell ausgerichtete Tauschökonomie dringt in viele Lebensbereiche vor. Der Prosumer im Lebensmittelbereich wird zukünftig die Trennung in Landwirtin und Gärtner auf der einen Seite und Konsument von Lebensmitteln und Zierpflanzen auf der anderen Seite verschwimmen lassen – und das ist gut so. Das Fachwissen dafür haben Prosumer aus dem Internet. Unzählige Videos auf YouTube bieten exakte Gebrauchsanleitungen. Markus Kobelt, Baumschulist und Züchter aus dem St. Galler Rheintal, ist mit seinen YouTube-Lehrfilmen mittlerweile von Hamburg bis Mailand und von Wien bis London omnipräsenter Lehrmeister der Prosumer und Urban Gardener von Obst und Beeren.

Ernähren wir uns falsch und essen wir das Falsche?

Kapitel 13

„Lebensmittelvielfalt genießen: Nutzen Sie die Lebensmittelvielfalt und essen Sie abwechslungsreich. Wählen Sie überwiegend pflanzliche Lebensmittel."

Deutsche Gesellschaft für Ernährung e. V., www.dge.de/10regeln

Um die in der Kapitelüberschrift gestellte Frage zu beantworten: Ja, das tun wir. Der hohe Fleischanteil in der westlichen Ernährung, der mit wachsendem Wohlstand auch in Asien und Afrika kopiert wird, belastet die Umwelt und ist nicht gesund.

Die meisten Menschen verzehren Fleisch mit Genuss. Der steinzeitliche Jäger steckt nämlich tief in der menschlichen Erbmasse und wird bei jedem Grillfest reaktiviert. Der Wandel zum sesshaften Ackerbauern und Viehzüchter erfolgte, weil die wachsende Zahl der Menschen die Nahrungsgrundlagen der Wälder übernutzte. Doch das Jagen von Tieren und das Sammeln von Beeren, Wurzeln und Früchten war angenehmer als der Anbau von kleinsämigen Wildgräsern mit mageren Ernten und stundenlangem Mahlen. Der Mythos von der Vertreibung aus dem Paradies soll angeblich diesen Übergang vom reich gedeckten Tisch in den Wäldern zum harten Leben als Ackerbauer und Viehzüchter beschreiben.

Die Menschen jagen zwar nicht mehr, aber sie wurden als Viehzüchter unglaublich erfolgreich. Vermutlich waren die ersten domestizierten Rinder, das legen noch wilde Rinderarten wie Wisent, Auerochse und Java-Banteng nahe, etwa 400 Kilogramm schwer. Heutzutage wiegen Kühe gut das Doppelte.

Wir essen zu viel Fleisch, viel zu viel. Dass sich Menschen heute auch vegan ernähren, ist ein wichtiger Beitrag zur Lösung der globalen Probleme, in denen wir stecken. Lebensmittelindustrie und Landwirtschaft folgen diesem Trend zögerlich. Eiweißreiche Hülsenfrüchte wie Bohnen, Soja, Erbsen, Kichererbsen, Linsen oder Lupinen, die über Jahrhunderte die wichtigsten Proteinlieferanten für die menschliche Ernährung waren, erleben eine gewaltige Renaissance. Viele davon sind Rohstoffe für neue Lebensmittel und gesunde Convenience-Produkte. Innerhalb der unterschiedlichen Hülsenfrüchte gibt es eine riesige Vielfalt. Alleine bei den Bohnen gibt es mehr als 700 Gattungen, Arten und Unterarten. Sie ermöglichen eine abwechslungsreiche, geschmacklich und farblich überraschende, dank einem breiten Spektrum an sekundären Inhaltsstoffen überdies gesunde Ernährung. Diese Hülsenfrüchte gehörten auf jenen knapp 400 Millionen Hektar Acker angebaut, auf denen heute Mais, Soja und andere Futtergetreide wachsen. Mit dem pflanzlichen Ertrag dieser acht Prozent der weltweiten Agrarflächen könnten wesentlich mehr Menschen direkt ernährt werden, als das über den „Umweg" Fleisch der Fall ist, denn die Verwertung von pflanzlichen Kalorien zu tierischen ist sehr ineffizient. Das wäre ein großer Schritt, um mehr Menschen gesund zu ernähren und dabei die ökologischen Belastungsgrenzen des Planeten nicht zu überschreiten.

Die vegane Küche ist mittlerweile köstlich und reichhaltig. Sie wird von Spitzenköchen kreativ weiterentwickelt und macht richtig Spaß. Ich habe schon in mehreren Interviews erwähnt, dass ich regelmäßig in Wien mit Freundinnen und Freunden oder meiner Frau das Restaurant Tian im ersten Bezirk besuche. Das Essen dort vertieft sowohl Freundschaften als auch die Liebe. Da ich kein In- fluencer bin, erhalte ich keinen Preisnachlass.

Für die unverbesserlichen Fleischesser unter uns hat der US- amerikanische Biochemiker Patrick O. Brown Hackfleisch aus rein pflanzlichen Zutaten wie Soja, Weizenmehl und Kartoffeleiweiß entwickelt, das dank Zusatz einer pflanzlich hergestellten Variante des Proteins Häm – als Bestandteil des Hämoglobins gibt dieses dem Blut seine rote Farbe – auch verwöhnte Gourmets überzeugen kann. Der perfekte Fleischgenuss, ohne dass Tiere getötet werden müssen, ist also in greifbarer Nähe. Einen Schönheitsfehler hat das täuschend echte Fleisch jedoch: Das Häm dafür wird aus gen- technisch veränderten Hefezellen hergestellt. Veganer gehen aber relativ relaxed mit Gentechnik in der Ernährung um, da sie einen konkreten Nutzen für sich sehen. So sind etwa auch die meisten Quellen von Vitamin B12, das von Veganerinnen und Veganern häufig zur Nahrungsmittelergänzung eingenommen werden muss, gentechnisch veränderte Mikroorganismen.

Neben rein vegetarischen Fleischersatzprodukten wird auch an der Kultivierung von tierischen Zellen in Fermentern gearbeitet. Im

Gegensatz zum pflanzlichen Fleischersatz können damit die verschiedenen Gewebetypen des Fleisches besser nachgebildet werden, sodass das Fleischerlebnis noch authentischer wird. Die Kosten für dieses synthetische Produkt sind aber noch sehr hoch und auch in technischer Hinsicht sind noch nicht alle Probleme gelöst.

Es gibt also ganz unterschiedliche Wege, wie man das ethische Problem, das viele Menschen mit der Schlachtung von Tieren haben, lösen könnte. Denn die Frage, ob wir 30 Milliarden Mitgeschöpfe – vom Perlhuhn bis zum Büffel – einzig zu dem Zwecke halten dürfen, sie nach einem kurzen, oft stressvollen Leben zu essen, ist eine berechtigte. Je mehr wir über das Verhalten, das Sozialleben, die Geschicklichkeit und die Lern- und Kombinierfähigkeit von Tieren wissen, desto schwerer fällt es uns, sie zu töten. Die einst klaren Grenzen zwischen Mensch und Tier verschwimmen zusehends. Können Tiere ihr Schicksal erahnen? Wissen sie etwas vom Ende der eigenen Existenz? Empfinden sie Gefühle wie Zuneigung oder Abschiedsschmerz? Können sie über sich selbst nachdenken? Können wir das Verhalten von Mensch und Tier nach wie vor so klar als vernunft- oder erkenntnisgetrieben beim einen bzw. instinktgetrieben beim anderen bezeichnen? Viele bezweifeln das.

Der Entwicklungspsychologe Thomas Suddendorf von der University of Queensland in Brisbane, Australien, untersuchte die Entwicklung der kognitiven Fähigkeiten bei Menschen- und Affenkindern. Seine Schlussfolgerungen sind klar: Der Mensch unterscheidet sich tatsächlich stark von seinen engsten Verwandten durch die Fähigkeit zu mentalen Zeitreisen. Er denkt ständig in Szenarien, was die Zukunft, aber auch die Vergangenheit anbelangt. Und er kann Sprache konzeptuell nutzen. So ist es ihm dank dieser Fähigkeit möglich, ganz neue Informationen zu vermitteln, was eine Voraussetzung für den raschen Fortschritt in Wissenschaft und Technologie ist.

Trotz ethischer Bedenken und vieler Besuche in Schlachtereien esse ich selbst Fleisch. Selten vom Schwein und vom Huhn, aber regelmäßig vom Rind und vom Schaf. Diese veredeln mit ihren zum Teil riesigen Mehrkammer-Pansen-Mägen das für uns Menschen unverdauliche Gras zu wertvollen eiweißreichen Lebensmitteln in Form von Fleisch und Milch. Der Pansen ist eine Gärkammer mit Bakterien, die sich in mehreren Zehntausend Jahren Evolution optimal an die Verdauung von Gras angepasst haben. Dieser wunderbare Bioreaktor erzeugt leider auch Methangas. Man kann Kühen natürlich nicht einfach Filter einbauen, um das Methangas als Energiequelle zu nutzen, weshalb ihre Rülpser und Fürze die Atmosphäre belasten. Dass sie deshalb als Klimasünder verunglimpft werden, ist ein großer Unsinn, denn wegen ihrer fantastischen Fähigkeiten haben sie dem Menschen auch in unwirtlichen Gegenden das Überleben ermöglicht. Ohne die Viehwirtschaft – sei es mit Yaks, Rindern, Büffeln, Schafen oder Ziegen – gäbe es schließlich weder im Hochland von Nepal, in den Steppen der Mongolei oder der russischen Tundra noch in den afrikanischen und lateinamerikanischen Savannengürteln Menschen. Die Hirtenvölker sind nicht nur bedeutende Nahrungsmittelproduzenten, sie haben auch die Hochkulturen der Menschheit beeinflusst. Insgesamt 1,5 Milliarden Menschen leben heute von der tierischen Erzeugung.

Auf zwei Dritteln des weltweit für die Ernährung genutzten Landes, das heißt auf 3,4 Milliarden Hektar Dauerwiesen und Dauerweide, ist kein Pflügen und damit auch kein Ackerbau möglich. Die Menschheit kann deshalb in ihrer heutigen Populationsstärke von 7,8 Milliarden nicht auf aus Gras gewonnene tierische Lebensmittel verzichten. Außer man macht es wie die Agrochemie und „pflügt" die botanisch artenreichen, aber flachgründigen Savannenweiden in Brasilien und Argentinien mit dem Totalherbizid Glyphosat chemisch um, karrt chemischen Dünger mit Kolonnen von Lastwägen heran und gibt die Böden langfristig der Zerstörung durch Erosion preis.

Geflügel und Schweine haben in einer nachhaltigen Ernährung hingegen nur noch eingeschränkt Platz. Denn sie fressen vorwiegend wertvolles Getreide und sind unmittelbare Nahrungskonkurrenten des Menschen. Früher waren Huhn und Schwein wertvolle Wiederverwerter von Nebenprodukten, die bei der Ernte und Verarbeitung von Getreide anfallen. Je nach Ausmahlungsgrad des Getreides entstehen unterschiedliche Mengen von Schalenteilen, Kleie genannt. Bei Weißmehl zum Beispiel liegt der „unproduktive" Anteil bei 40 bis 50 Prozent. Mit den Kleiefraktionen, die in der Getreideverarbeitung anfallen und die hochwertige Futtermittel sind, wären Sonntagsei und Schweinesteak zweimal die Woche auch ohne Kraftfutteranbau schon einmal gesichert. Auch viele andere Nebenprodukte aus der Verwertung von Obst, Trauben oder Gemüse können und sollten an Hühner und Schweine verfüttert werden. Früher wurden überdies Haushalts- und Gastronomieabfälle zu Futtermitteln verarbeitet, wodurch man Abfälle wieder in den Kreislauf eingebracht hat. Nach dem BSE-Schock im Jahr 2001 wurden Abfälle aus der tierischen Ernährung verbannt. Als Alternative wurde eine globale Industriekette für Sojabohnen aufgebaut, vom Anbau über die Verschiffung bis hin zur Verarbeitung. Diese wird man heute nicht mehr los, weil alle davon profitieren, auch die Konsumentinnen und Konsumenten – dank dem billigen Fleisch. Der Gesetzgeber muss deshalb dringend die aktuellen Restriktionen für die Nutzung von Abfällen überdenken, das BSE-Problem ist schließlich mittlerweile gelöst.

Zu verantwortungsvollem Fleischgenuss gehört auch, dass man streng auf den respektvollen Umgang mit Tieren achtet. Durch die ethologische Forschung wissen wir sehr gut, wie Tiere artgerecht und stressfrei gehalten, transportiert und geschlachtet werden können. Bei dieser Frage mache ich keine Abstriche, weshalb ich niemals billiges Fleisch kaufe.

Aber nicht nur *wie* wir essen, sondern auch *was*, muss sich ändern – und das wird es auch. Ein richtiger Hype ist um essbare Insekten wie zum Beispiel Heuschrecken, Mehlwürmer oder Grillen entstanden. In der Schweiz sind diese seit 2017 als Lebensmittel zugelassen. Doch die Idee, Insekten zu essen, ist nur für Europäer und Amerikaner neu. In der Publikation *Edible Insects – Future Prospects for Food and Feed Security*, die ein Team von Autorinnen und Autoren der Universität Wageningen in den Niederlanden für die FAO verfasst hat, werden über 1.900 verschiedene Insektenarten gelistet, die weltweit verspeist werden. Ernährungsphysiologisch sind Insekten sehr wertvoll. Sie enthalten hochwertige Proteine, Fette und oft geringere Mengen an Kohlehydraten in Form von Polysachariden. Sie sind reich an Mineralstoffen, Vitaminen und sekundären Inhaltsstoffen. Zunehmend gut untersucht sind auch pharmakologische Wirkungen, so zum Beispiel antibakterielle oder immunstimulierende Effekte. Insekten sind effiziente Futterverwerter. Relativ zu ihrem essbaren Körpergewicht brauchen sie 40 Prozent weniger Futter als Geflügel, 60 Prozent weniger als Schweine und 80 Prozent weniger als Rinder. Und sie schonen das Klima, weil die Insektenproteinproduktion etwa hundertmal weniger Treibhausgase verursacht. Kritikerinnen und Kritiker bemängeln aber, dass man auch an Insekten Getreide aus dem Ackerbau verfüttert und somit in die gleiche Falle tappen werde wie mit Schweinen und Hühnern. Sinnvoll wäre hingegen eine Produktion auf Basis von Abfällen und Nebenprodukten aus der Lebensmittelindustrie. Dies erlauben jedoch die wegen der BSE-Krise erlassenen gesetzlichen Vorschriften nicht. Eine Zwischenlösung ist die Veredlung von Abfallstoffen mit Hilfe der Schwarzen Soldatenfliege *(Hermetia illucens)* zu Futtermitteln, das die Sojabohnen für Schweine und Geflügel ersetzen kann. Leider ist es bisher weder der Forschung, die auch am FiBL stattfand, noch der Industrie gelungen, mit Insekten auf ökonomische Art Futtermittel herzustellen. Die Konkurrenz, nämlich der Anbau von Sojabohnen, ist erdrückend billig.

Der Ekelfaktor, den Insekten bei westlich geprägten Menschen auslösen, verhindert eine ökologisch nachhaltige und gesunde Ernährung. Dabei könnten Insekten ein Schlüssel für die Zukunft sein. Ein wichtiges Forschungsgebiet sind sie jedenfalls – wegen der Ernährung, aber auch, weil sie zunehmend in der Natur und in der Agrarlandschaft fehlen. Für die kommerzielle Lebensmittelproduktion in geschlossenen, großtechnischen Behältnissen sind sie züchterisch noch nicht bearbeitet. Ihre positiven Eigenschaften können deshalb noch weiter gesteigert werden. Wichtig wird es auch sein, ganz neue Verarbeitungsmethoden und neue Produkte zu entwickeln. Größere Insekten gehören – genau wie Schrimps, Garnelen, Tintenfische oder Schnecken – in die Gourmetküche. Kleinere sind ein idealer Rohstoff für Mehle, die zu unzähligen frischen sowie Convenience-Produkten verarbeitet werden können.

Auch Algen halten viele Menschen für eines der Nahrungsmittel der Zukunft. Jörg Ullmann, Betreiber einer Algenzucht in Ostdeutschland, hat berechnet, dass eine Anbaufläche, die zweimal so groß ist wie Portugal, ausreichen würde, um zehn Milliarden Menschen satt zu machen. Das scheint mir eine unglaublich hoffnungsvolle Information zu sein. Wie Insekten effizientere Eiweißproduzenten als Schweine und Hühner sind, sind Algen bessere Verwerter von Sonnenenergie als die heutzutage üblichen Nutzpflanzen. Und bezüglich der züchterischen Bearbeitung steht die Wissenschaft erst am Anfang, bei einem riesigen Potenzial: Es gibt mehrere Hunderttausend Algenarten.

Grob teilt man diese in zwei Gruppen ein – in Mikroalgen, die ein- oder wenigzellig sind und dank ihres Ölgehalts an der Wasseroberfläche schwimmen, und in Makroalgen, auch Tang oder *Seaweed* genannt. Diese haben große Blattflächen, haften im seichten Wasser am Grund und können deshalb bei Ebbe einfach geerntet werden. Algen vermehren sich schnell und produzieren in kurzer Zeit sehr viel Biomasse. Zum Beispiel ist die Chlorella-Alge hinsichtlich der Ölausbeute bis zu 20 Mal ergiebiger als Raps. Im Gegensatz zu Landpflanzen gedeihen Algen auch in Anlagen in Wüstengebieten, an Küsten und anderen Orten, an denen sonst nichts wächst. Je nach Art können sie in Salz- oder Süßwasser leben. Voraussetzungen sind ausreichend Licht, Wasser und Wärme.

Algen sind Alleskönner. Sie werden gegessen und zu Öl gepresst, in der Verarbeitungsindustrie dienen sie als Lebensmittelzusätze und Dickungsmittel. Täglich im Gebrauch sind zum Beispiel Agar, Carrageen und Alginat. Überdies sind sie eine gute Treibstoffalternative für das Nach-Erdöl-Zeitalter. Makroalgen, die viele Kohlehydrate enthalten, können zur Herstellung von Bioethanol verwendet werden. Aus den fetthaltigen Mikroalgen wiederum gewinnt man eher Öl, das zu Biodiesel weiterverarbeitet wird. Der CO_2-Fußabdruck von Algensprit ist nur ein Viertel von dem, den Sojasprit hinterlässt, und nur fünf Prozent von dem von Dieseltreibstoff. Auch die kosmetische Industrie nutzt Algen, ebenso die Pharmazie. Sie reinigen effizient Meereswasser und verwerten Nähr- und Schadstoffe aus dem Wasser für ihr Wachstum. 50 Prozent des Sauerstoffs unseres Planeten wird von Algen produziert. Seit Jahrhunderten sind sie außerdem wichtige Düngerstoffe im Ackerbau. Dank diesem Potenzial für eine kommerzielle Mehrfachnutzung lohnen sich die Kultivierung und die weitere wissenschaftliche Erforschung der Algen.

Aus der asiatischen Küche sind Algen nicht wegzudenken, aber auch in Europa wird manch traditionelles Lebensmittel daraus hergestellt. Unter der Bezeichnung *Laverbread* war ein schwarzes Brot aus Dulsealgen, Angaben in Wikipedia zufolge, früher Nahrungsmittel walisischer Bäuerinnen und Bauern, heute ist es in vielfältiger Form in der walisischen Küche zu finden. Rotalgen der Gattung *Porphyra umbilicalis* werden unter dem Namen Nori von Japan nach Frankreich, Luxemburg und in die Niederlande exportiert. In Frankreich und Irland werden jährlich jeweils bis zu 1.000 Tonnen Meeresalgen verzehrt. Und auch aus Spanien kommen Algenprodukte für den Delikatessenmarkt.

Mikroalgen sind ursprüngliche, uralte Organismen, die hochwirksame Moleküle gegen schädigende Einflüsse entwickelt haben. Sie liefern wichtige Stoffe für eine gesunde Ernährung oder zur Nahrungsmittelergänzung. Aufgrund ihrer Fähigkeit, sich auch an unwirtliche Umgebungen anzupassen, sind sie die idealen pflanzenähnlichen Organismen der Zukunft, die eine hocheffiziente Fotosynthese betreiben. Sie sind für die Forschung ausgesprochen interessant, da ihre Potenziale noch lange nicht ausgeschöpft sind.

Allein diese kurze Exkursion ins weite Feld der Ernährung zeigt, welch wirkungsvolle Optionen uns zur Verfügung stehen, um mehr Menschen auf gesunde Art zu ernähren und dabei unseren ökologischen Fußabdruck zu reduzieren. Die Ernährung beeinflusst Gesundheit und Wohlbefinden des Menschen extrem. Das ist so trivial, dass ich schon Hemmungen habe, es in diesem Buch zu wiederholen. Unterernährung und Fehlernährung in den ländlichen, von Armut und Krisen geprägten Regionen Afrikas bremsen die Entwicklung junger Bevölkerungsschichten mit großen Potenzialen aus. So sind laut dem *Global Nutrition Report 2017* der UNICEF weltweit 155 Millionen Kinder von Wachstumsdefiziten betroffen. Chronische Unterernährung bei Müttern führt zu einer Fehlprogrammierung, die die im Erbgut angelegten Eigenschaften aussticht. So kann eine Kleinwüchsigkeit entstehen, die sogar an die Enkel weitervererbt wird.

Dieser epigenetische Mechanismus wird von der modernen Wissenschaft intensiv untersucht. Die Epigenetik, ein Fachbereich der Biologie, kann mit einer Software verglichen werden, auf deren Basis ein Computer gewünschte Tätigkeiten ausführt. Ähnliche Mechanismen treten auch bei Überernährung der Mütter auf, durch diese wird Fettleibigkeit teilweise an die Kinder vererbt. In den westlichen Kulturen wird Fettleibigkeit das Gesundheitswesen zukünftig immer stärker belasten und die sozialen Spannungen zwischen den gesellschaftlichen Schichten weiter vergrößern.

Die medizinische Praxis vernachlässigt den starken Zusammenhang zwischen Gesundheit und Ernährung sträflich, weshalb die moderne Medizin teurer und teurer wird. Die Zusammensetzung der täglichen Diät entscheidet über ein gesundes und langes Leben. Meine persönlich angepasste Ernährungspyramide sieht wie folgt aus: viele pflanzliche Ballaststoffe in Form von Salaten, frischem Gemüse und Obst, wenig hochraffinierte Getreideprodukte und keine stark verarbeiteten Fertigprodukte, deutlich mehr Hülsenfrüchte als Fleisch, wenn Fleisch und Milch, dann von Weidetieren, Fisch, wenig Fett und kein Zucker. Eine solche Diät weist auch einen günstigen ökologischen Fußabdruck auf.

Auf die Spitze getrieben wurde der Reduktionismus im Jahr 2020 von Virologen und Epidemiologen, die sich um die Eindämmung der Corona-Pandemie bemühten. Für sie waren Virus und Mensch vor allem eine Interaktion auf der Ebene der Erbsubstanz und das Immunsystem eine wenig beeinflussbare Konstante. Daten von älteren Menschen wie auch von Kindern aus einem New Yorker Kinderspital zeigten aber deutlich, dass Fettleibigkeit ein wesentlicher Risikofaktor ist. Eine Wiener Allgemeinmedizinerin meinte in einem persönlichen Gespräch mit mir ganz cool, die Medien sollten die Menschen doch besser täglich auffordern, gesund zu essen und sich viel zu bewegen, anstatt jeden Abend die neuesten Infektionszahlen zu zeigen.

Die Abwehrkräfte des Menschen zu stärken, wird eine große Zukunftsaufgabe sein. Das ist auch und vor allem eine Frage der Ernährung. Die gesunde Nahrung auf dem Teller muss dabei mit dem Anbauplan für den Acker übereinstimmen. Außerdem werden in Zukunft ganz neue Lebensmittel auf den Speiseplan kommen. Dafür braucht es innovative und teilweise auch neue Produzentinnen und Produzenten. Die Produktionstechniken für Lebensmittel werden zwischen völliger Naturnähe und Hightech oszillieren. Eine nachhaltige, naturnahe Landwirtschaft wird gleichermaßen wie die Hochtechnologie Qualität und Zusammensetzung der Lebensmittel beeinflussen. Ein Bioapfel hat einen erhöhten Gehalt an bioaktiven Stoffen, genau wie auch ein Spezialbrot aus Algen, eine alte farbige Reissorte oder eine Tomate, die in einem gläsernen Turm im speziellen Farbspektrum einer LED-Leuchte gewachsen ist. Solche Pflanzenstoffe haben antioxidative, das Immunsystem stärkende und antikanzerogene Wirkungen.

Interview
In Bio steckt mehr drin

Ein Interview mit der Coopzeitung, der größten Wochenzeitung der Schweiz, im Original erschienen am 21. Juli 2014

Eine der bislang umfassendsten Literaturstudien zum Thema Qualität von biologischen Lebensmitteln wurde im Sommer 2014 unter der Leitung von Professor Carlo Leifert von der Newcastle University veröffentlicht. Sie besagt: Bioprodukte enthalten deutlich mehr bioaktive Stoffe als konventionelle Produkte. Was es damit auf sich hat, erklärt Urs Niggli, Mitautor der Studie „Bionahrung wirkt wie eine zusätzliche Portion Obst am Tag".

Coopzeitung: Was beweist Ihre Studie?

Urs Niggli: Der Hauptnährwert von biologischen und konventionellen Lebensmitteln ist nicht unterschiedlich. Es gibt aber Mikronährstoffe in den Pflanzen, die als bioaktive Stoffe oder Antioxidantien bezeichnet werden. Diese Stoffgruppe ist der Grund, warum die Ernährungsfachleute empfehlen, dass man mehr Früchte und Gemüse essen soll.

Und davon enthalten Bioprodukte mehr?

Ja, deutlich mehr, nämlich 20 bis 70 Prozent. Auch ein Resultat ist, dass die Menge des Schwermetalls Kadmium, das in höheren Konzentrationen gesundheitsgefährdend ist, in Bioprodukten halbiert ist. Und dass in konventionellen Produkten viermal häufiger Pestizidrückstände gefunden werden.

Trotzdem lässt sich die Studie nicht dazu hinreißen zu sagen, Bio zu essen sei gesünder.

Sich gesund ernähren heißt, mehr Gemüse und Früchte zu essen und weniger Fett und Zucker. Das kann man mit Bio- und mit konventionellen Produkten. Die Tatsache, dass Bioprodukte mehr

wertvolle Inhaltsstoffe und gleichzeitig weniger unerwünschte Stoffe enthalten, ist aber nicht unerheblich. Schließlich gehen in einem Menschenleben etwa 50 Tonnen Lebensmittel durch das Verdauungssystem.

Was denken Sie, weshalb ist die Nährwertzusammensetzung biologischer und nichtbiologischer Lebensmittel unterschiedlich?

Die hohe Bodenfruchtbarkeit auf Biobetrieben beeinflusst die Bildung von Antioxidantien in den Pflanzen positiv. Biopflanzen müssen zudem robuster sein, sich gegen Krankheiten selber wehren. Die Abwehrstoffe der Pflanzen sind eben diese bioaktiven Stoffe. Dass es in Bioprodukten weniger Kadmium gibt und kaum Pestizidrückstände, kommt davon, dass keine chemischen Dünger und Pflanzenschutzmittel eingesetzt werden.

Die Unterschiede zwischen Bio und Nicht-Bio, die Sie in der Studie festgestellt haben, sind statistisch signifikant. Sind sie auch für die Konsumenten signifikant?

Der Konsument weiß jetzt, dass er mit Bioobst und Biogemüse jeden Tag sozusagen eine kalorienfreie Zusatzportion wertvoller Inhaltsstoffe mitisst. Die Studie widerlegt also jene Kritiker, die behaupten, dass sich die Qualität von biologisch und konventionell angebauten Lebensmitteln nicht unterscheidet. Was bei den Konsumenten wiederum die Motivation erhöht, Bioprodukte zu kaufen.

Gibt es sonst noch Gründe, die für Bio sprechen?

Ich selber esse Bio, weil es dem Boden, der natürlichen Vielfalt und der Umwelt guttut. Zudem unterstütze ich damit das Tierwohl.

Was sind eigentlich Antioxidantien und was ist ihr Einfluss auf den Menschen?

Antioxidantien sind sehr aktive Stoffe und gelten als gesundheitsunterstützend. Der intensive Stoffwechsel, der den Menschen in Schwung hält, bildet in den menschlichen Zellen relativ aggressive freie Radikale. Antioxidantien neutralisieren diese Radikale. Man weiß, dass Antioxidantien überall im Körper mitwirken, auch bei der Verlangsamung vieler Erkrankungen.

Wie sieht es in Bezug auf das Thema Rückstände aus? Und was bedeutet das für die Konsumenten?

Einige Fachleute sagen, dass eine produktive Landwirtschaft ohne Rückstände in Lebensmitteln und in der Umwelt nicht möglich sei. Das Risiko sei gering. Die Biobauern möchten das Gegenteil beweisen. Das finde ich als Wissenschaftler spannend und ich stecke deshalb meine Kraft in die Weiterentwicklung des Biolandbaus. Nur mit Pioniergeist kommen wir zu einer echt nachhaltigen Landwirtschaft.

Es gibt Studien zu Bio, die zu einem anderen Schluss kommen. Ihre Studie steht etwa im Kontrast zu jener aus dem Jahr 2009 von der UK Food Standards Agency.

Die Studie der englischen Lebensmittelbehörde war einfach unsauber. Sie beruhte nur auf 46 Publikationen, während wir 343 analysierten. Zudem haben die Engländer hochwertige Studien mit klaren Unterschieden ausgesondert und damit alles verwässert. Unserer Studie kann man anlasten, dass die gefundenen Unterschiede zu wenig relevant seien, aber dass es diese Unterschiede gibt, ist nun ein für alle Mal bewiesen.

Handeln wir!

Kapitel 14

„Das menschliche Gehirn ist die einzige Ressource,
die angenehmerweise reproduzierbar ist."

Johan Norberg in seinem Buch Progress:
Ten Reasons to Look Forward to the Future (2016)

Alle satt? Ende 2019 waren die Lagerbestände landwirtschaftlicher
Rohstoffe so hoch wie noch nie in der Geschichte der Menschheit. Die
Weltproduktion von Lebensmitteln ist ausreichend und stabil. Die
Landtechnik ermöglicht eine sichere und ausreichende Ernährung
und die Agrarwissenschaften sind in der Lage, die landwirtschaftliche Produktion weiter zu steigern. Bis ins Jahr 2050 wird die Zahl
der Menschen weiter anwachsen – von heute 7,8 auf 9,7 Milliarden.
Einem Szenario der FAO zufolge werden dann zusätzliche 7.400 Milliarden Kilokalorien fehlen. Das entspricht einer notwendigen Steigerung der heute verfügbaren Lebensmittelmenge mit ihrem Gesamt-
nährwert von 13.100 Milliarden Kilokalorien um mehr als 50 Prozent.
Bleiben die Ertragssteigerungen in der Größenordnung der letzten
60 Jahre, dann braucht die Menschheit rund 600 Millionen Hektar
zusätzliche Landwirtschaftsflächen, 400 Millionen davon als Grasland und 200 Millionen für den Ackerbau. Damit sind die weitere
Zerstörung natürlicher Ökosysteme, die fortgesetzte Reduktion der
Artenvielfalt und die Beschleunigung der globalen Erwärmung vorprogrammiert. Zum Glück gibt es viefältige Handlungsmöglichkeiten:

1
Die 17 Ziele für nachhaltige Entwicklung
der UNO bis 2030 stärken
Dass der Hunger immer noch nicht überwunden ist, hat viele
Ursachen. Zum Beispiel Armut, Arbeitslosigkeit, die ungerechte
Verteilung der Volksvermögen, mangelnde demokratische Mit-
sprache, schlechte Regierungsführung in vielen von Armut und
internen Konflikten betroffenen Ländern, nicht vorhandene Versicherungen (etwa gegen Ernteausfälle) und fehlende Altersvor-
sorge oder auch der mangelnde Zugang von Frauen zu Landbesitz,

Pachtland, Investitionskapital und Wissen. Relevant sind überdies wirtschaftliche, soziale, religiöse und ethnische Konflikte, Kriege sowie mangelhafte Hygiene, bedingt durch fehlende Infrastruktur wie eine funktionierende Wasserversorgung, Abwasserentsorgung und -aufbereitung. Weitere Gründe sind ungeeignete Lagerhaltung

von Lebensmitteln, schlechte Straßen und Transportwege, fehlende Kühlsysteme und stark schwankende Ernten wegen Trockenheitsperioden und Hochwasser. Die globale Erwärmung verschärft die Probleme zusätzlich. Alle Regierungen haben sich verpflichtet, sowohl in ihrem nationalen Einflussbereich wie auch in der internationalen Zusammenarbeit die 17 Ziele für nachhaltige Entwicklung (SDGs) umzusetzen. Dieser Wille ist angesichts der Größe der Herausforderungen mittlerweile bereits wieder erlahmt. Gerade weil es keine einfachen Lösungen gibt, ist jeder von uns dafür verantwortlich, die nationale Politik hartnäckig an die Verpflichtung zu den SDGs zu erinnern. Nur sie können die gesellschaftlichen Voraussetzungen dafür schaffen, dass alle satt sind. Wir müssen also alle Aktivistinnen und Aktivisten für die SDGs werden und wir müssen uns zusammen mit Organisationen der Zivilgesellschaft mit Arbeit und Geld engagieren. Die SDGs sind auf Aktionen ausgerichtet und sie verfehlen ihre Wirkung nicht, wenn die Öffentlichkeit genügend Druck macht.

Der Welternährungsgipfel, der für den Herbst 2021 in Vorbereitung ist, soll zusätzlichen Schub bringen. Im Vorfeld des Gipfels sollen die Themen in zahlreichen regionalen und nationalen Akteursforen diskutiert werden. Sie sollen von den Rednerpulten auf die Straße gebracht werden. Dabei werden aktive ideelle Gruppierungen eine wichtige Rolle spielen. Auch wenn es nur kleine Gruppen von Menschen sind, die die SDGs lesen, sich dafür engagieren, Leserbriefe schreiben, öffentliche Aktionen setzen, Politikerinnen und Politiker kontaktieren, in Kirchen mit diesen Themen Predigten bereichern, Flugblätter drucken und in Briefkästen stecken oder die Verwaltung an die Versäumnisse erinnern und bei verantwortlichen Personen vorsprechen, so kann ich versichern, dass es eine gewaltige Wirkung hat. Politik und Verwaltung kommen ins Schwitzen, wenn sie an ihre Verpflichtungen erinnert werden. Sie blühen auf, weil die Bürgerinnen und Bürger ihr Handeln wichtig finden.

2
Die Notwendigkeit der Transformation
in der öffentlichen Debatte verankern

Die große Herausforderung ist heute nicht mehr, Menschen von der Notwendigkeit eines Wandels zu überzeugen. Es geht vielmehr darum, pragmatisch nach und nach eine Transformation im öffentlichen Diskurs und schließlich im individuellen Verhalten zu verankern. Kleine Schritte machen weniger Angst als maximale Forderungen: In einem ersten Schritt muss eine rein auf Produktivität, das heißt auf hohe landwirtschaftliche Erträge ausgerichtete, effiziente Landwirtschaft etabliert werden. Eine effiziente Landwirtschaft setzt die Betriebsmittel möglichst verlustfrei und umweltschonend ein. Das ist eigentlich eine Selbstverständlichkeit. Das ist sozusagen der saubere Motor, der weniger als fünf Liter Benzin pro hundert Kilometer verbraucht. In einem zweiten Schritt wird die Landwirtschaft zu einer regenerativen, also sich ständig erneuernden Nutzung der natürlichen Ressourcen und der Energie kommen. Das wäre dann das Elektroauto, das mit Solarstrom vom eigenen Hausdach getankt wird. Und in einem dritten Schritt wird die stark wachsende Menschheit zu einem sparsamen und vernünftigen Essverhalten, zu Suffizienz, zurückfinden. Das wäre dann das solargetriebene Elektroauto in Kombination mit öffentlichem Verkehr, Fahrrad und den eigenen Füßen.

Weil Veränderungen ein stetiger Prozess sind, sollten die Akteure der Veränderung mehr darauf achten, ob die Richtung stimmt, und nicht das Trennende herausschälen. Extreme Positionen und das Graben von Schützengräben wirken kontraproduktiv.

3
Menschen zu ihrem eigenen Vorteil anschubsen

Das neue Wort in den Wirtschaftswissenschaften ist *Nudging*. Man schubst Menschen sanft an, damit sie das Richtige tun. Ein krasses Negativbeispiel dafür war der Marlboro Man, der Freiheit und Abenteuer versprach und Lungenkrebs brachte.

Die Botschaft „Werft keine Lebensmittel weg, esst weniger Fleisch!" ist absolut nicht sexy. Und sie ist ähnlich wirkungslos wie eine Mobilitätspolitik, die auf dem simplen Ratschlag „Nehmt das

Fahrrad!" basiert. Trotzdem ist es ein Fakt, dass das eine wirksame und mittelfristig notwendige Verhaltensänderung ist. Das habe ich im Kapitel 8 mit den FiBL-Studien von Christian Schader und Adrian Müller gezeigt. Auch David Leclère vom International Institute for Applied Systems Analysis in Laxenburg bei Wien schlug in einer im Jahr 2020 in der Zeitschrift *Nature* publizierten Studie die exakt gleiche Hauptmaßnahme vor: die Reduktion der Lebensmittelverschwendung und des Fleischkonsums. Sie könnte die abnehmende Kurve der weltweiten Biodiversität wieder nach oben biegen. Zum Glück sind diese Verzichtsbotschaften auch mit lebensbejahenden und die Lebensqualität verbessernden Botschaften eng verbunden. Eine ökologisch vernünftige Ernährung ist gleichzeitig auch eine gesunde und lebensverlängernde Ernährung. Sie kostet in den meisten Fällen weniger, da Verschwendung und Fettsucht teuer sind. Sie macht auch attraktiver. Die allgegenwärtige Werbung für Lebensmittel könnte diese Schubsfunktion übernehmen. Dazu braucht es gesellschaftlichen Konsens und politischen Druck. Bei der Tabakwerbung ist dies ohne Weiteres gelungen, beim Essen geht es nicht nur um die individuelle Gesundheit, sondern um die volkswirtschaftlichen Folgekosten von falscher Ernährung, Umweltbelastung und Klimaveränderungen. Unterstützt werden kann eine solche Positivkommunikation durch Einkaufsführer auf Smartphones mit individualisierten, auf die Größe des Haushalts abgestimmten Echtzeitempfehlungen sowie durch die Kennzeichnung von Lebensmitteln, die es den Konsumentinnen und Konsumenten erleichtern, sich für Produkte zu entscheiden, die die ökologische Nachhaltigkeit oder die gesunde Ernährung unterstützen. Für Letzteres gibt es in Frankreich den Nutri-Score, in Skandinavien das Keyhole-System und in Italien das Batterie-Modell.

Jeder Mensch kann als Konsumentin bzw. als Konsument einen ganz wichtigen Beitrag leisten. Und der Lebensmitteleinzelhandel sowie die Discounter haben die finanziellen Mittel, für einen anderen Einkauf und, damit verbunden, für eine lebensbejahende Ernährung zu werben und das auch in ihrem Sortiment umzusetzen. Ich kenne keinen Vermarktungskanal von Lebensmitteln, der sich nicht die Nachhaltigkeit auf die Fahnen schreibt. Alle machen sogar ein jährliches Nachhaltigkeitsreporting. Die höchste Stufe der Nachhaltigkeit ist ganz direkt mit dem Einkaufs- und Essverhalten der Menschen verbunden. Lebensmittelhändler – egal welcher Größe und Preisklasse –, die das erkennen und umsetzen, sind auch in Zukunft noch am Markt dabei.

4 137
Öffentliche Gelder nur für öffentliche Güter ausrichten

Die Landwirtschaft profitiert überall auf der Welt von staatlichen Unterstützungsmaßnahmen. In Europa sind dies vor allem Direktzahlungen, die zur Einkommensstützung an die Landwirtschaftsbetriebe überwiesen werden. Alleine die EU zahlt jährlich über 50 Milliarden Euro an seine Mitgliedstaaten aus. Dazu kommen viele weitere Milliarden in der Schweiz, in Norwegen, in den südosteuropäischen Staaten auf dem Balkan, in der Ukraine und in Russland. Sowie Gelder, die die Vermarktung unterstützen, Treibstoffe verbilligen, Investitionen in die Infrastruktur subventionieren, die soziale Absicherung der Bauernfamilien garantieren, junge Landwirtinnen und Landwirte fördern oder die Marktordnung aufrechterhalten. Die Bemühungen der EU, zumindest die einkommenswirksamen Direktzahlungen in der Periode 2014 bis 2020 an ökologische Mindestauflagen zu binden („Greening"), scheiterten leider kläglich. Die landwirtschaftlichen Verbände machten die Reform unwirksam, indem sie so lange lobbyierten, bis die Greening-Anforderungen so niedrig wie möglich waren. Mit diesem Erfolg konnten sie kurzfristig bei ihren Mitgliedern punkten, mittelfristig gefährden sie damit aber die Unterstützungszahlungen grundsätzlich. Insgesamt zeigen wissenschaftliche Untersuchungen, dass die Maßnahmen der Gemeinsamen Agrarpolitik der EU (GAP) kaum einen positiven Effekt auf die Umwelt-, Biodiversitäts- und Klimaziele hatten. Etwas weiter ist da die Agrarpolitik der Schweiz. Sämtliche staatlichen Transferzahlungen in die Landwirtschaft sind hier an den Nachweis von ökologischen Leistungen gebunden. Doch auch dabei sind viele Fragen offen, weil wichtige Ziele wie der Schutz der Biodiversität, des Grundwassers und des Klimas noch nicht erreicht sind.

Denken wir einmal radikal: Warum soll ein Wirtschaftszweig, was die Produktion von Lebensmitteln ganz eindeutig ist, staatlich subventioniert werden? Und warum sollen bestimmte Konsumgüter, was Lebensmittel nun einmal sind, durch staatliche Eingriffe verbilligt werden? Das ergibt eigentlich keinen Sinn.

Blicken wir noch einmal 200 Jahre zurück, auf die ersten staatlichen Subventionen in Manchester. Laut Professor Tim Lang zog **138** die boomende Industrie Heerscharen von Bauernsöhnen in die Stadt und bezahlte diese schlecht. Manchester wurde zum Zentrum der industriellen Revolution und beeinflusste Technik, Wissenschaft und Kultur in ganz Europa. Unter den Arbeitern, durch deren Ausbeutung der wirtschaftliche Erfolg möglich war, entwickelte sich großes revolutionäres Potenzial. Die Subventionen an die noch produzierenden Landwirte dienten alleine dem Zweck, dass diese billigere Lebensmittel liefern konnten. Im Grunde genommen waren sie damit eine Fördermaßnahme für die Industrie. Die Subventionierung der Landwirtschaft wurde aber erst in den beiden Weltkriegen zur dauerhaften Einrichtung, mit dem Ziel, die Ernährung der Bevölkerung in Kriegszeiten sicherzustellen. Sind das heute immer noch gute Gründe, ein solches System weiterzuführen? Nein.

Eine finanzielle Unterstützung der Landwirtschaft ist nur dann gerechtfertigt, wenn es um Dienstleistungen geht, die am Markt keinen Preis haben. Dazu gehört ohne Zweifel die Erhaltung der Biodiversität und der Bodenfruchtbarkeit, die Unterstützung der Regierungen bei der Einhaltung der Klimaziele oder die ethische Verantwortung für eine artgerechte Tierhaltung. Steuergelder also für die Erreichung immaterieller Ziele der gesamten Gesellschaft. Denn seien wir ehrlich: Als Bäuerin oder Bauer wäre ich dann stolz, wenn ich meinen Weizen mit Gewinn am Markt zu einem realistischen Preis verkaufen könnte und wenn ich einen Beitrag vom Staat dafür erhielte, dass ich eine artenreiche Magerwiese mähte, damit ein wichtiger Hotspot der Biodiversität auf meinem Betrieb erhalten bliebe. Das täte ich, obwohl das Heu kein Leistungsfutter ist: Seine Nützlichkeit für den Produktionsablauf beschränkt sich allein darauf, dass die Verdauung der Kühe stimuliert wird.

Die zahlreichen Förderinstrumente der Agrarpolitik müssen also so umgebaut werden, dass sie der Gesellschaft dienen. Dass sich heute viele Maßnahmen der Landwirtschaftspolitik sogar negativ auf die Ziele der Klima-, Biodiversitäts-, Bodenschutz-, Tierschutz-,

Umweltschutz-, Ernährungs- und Gesundheitspolitik auswirken, ist absurd. So hat zum Beispiel eine gemeinsame Studie der Eidgenössischen Forschungsanstalt für Wald, Schnee und Landschaft (WSL) und des Forums für Biodiversität der Akademie der Naturwissenschaften Schweiz (SCNAT) 160 Subventionsmaßnahmen des Schweizer Bundes, der Kantone und der Gemeinden in Milliardenhöhe aufgelistet, die die Artenvielfalt in der Schweiz reduzieren. Eine kohärente Gesamtpolitik, die Steuermittel effizient einsetzt, sieht anders aus. Würde man die Geldmittel, die für die verschiedenen Politikbereiche vorhanden sind, in die Agrarökologie und den Biolandbau kanalisieren, würde sich sehr schnell eine gewaltige transformative Kraft entwickeln.

Ein radikaler Wandel der Agrarpolitik ist also notwendig. Der Legislativvorschlag der EU-Kommission für die Gemeinsame Agrarpolitik wurde 2018 veröffentlicht. Ebenso ist der Finanzrahmen bekannt; es stehen weiterhin mindestens gleich viele Mittel für die Landwirtschaft zur Verfügung. Die EU-Kommission stellt auf ihren Websites sehr gutes Informationsmaterial zur Verfügung, das Gleiche gilt für die nationalen Landwirtschaftsministerien. Informieren Sie sich darüber, bringen Sie ihre Ideen ein! In Brüssel werden wichtige Weichenstellungen vorgenommen und die Mitgliedstaaten haben in Zukunft einen größeren Gestaltungsspielraum. Alle Bürgerinnen und Bürger müssen Einfluss auf die Gestaltung der Agrarpolitik nehmen, denn das Geld dafür bezahlen sie mit ihren Steuern und das Wohlbefinden des Menschen hängt sehr stark von der Qualität und Vielfalt der Landschaft und der grünen Lebensräume ab. Auch hier gilt, dass Bürgerinnen und Bürger ihren Einfluss massiv unterschätzen.

5
Eine ökologische Buchhaltung einrichten
Die Landwirtschaft belastet die Umwelt stark. Präziser gesagt ist es die Ernährung von 7,8 Milliarden Menschen, die diese negativen Effekte – über die Landwirtschaft – hat. Davon ist keine Produktionsmethode ausgeschlossen. Selbst die Wildsammlung von Kräutern, Beeren oder Pilzen belastet die Umwelt. Denn sie verändert die botanische Zusammensetzung oder verursacht Trittschäden. Wie so

oft, ist auch das eine Frage der Quantität. Zu den negativen Umweltwirkungen gehört die Bodendegradierung auf dem eigenen Betrieb, nämlich durch Humusabbau, Bodenverdichtung und Bodenerosion. Die meisten Wirkungen finden aber außerhalb der Betriebsflächen statt. Dazu gehören die Gewässerbelastung, die Verstärkung von

Hochwasserereignissen infolge verringerter Wasserpufferkapazitäten auf den Landwirtschaftsbetrieben, Treibhausgasemissionen, Biodiversitätsverluste, Pestizidemissionen in Wasser und Luft und Pestizidrückstände in Lebensmitteln. Die meisten dieser Umweltkosten trägt nicht der Landwirt als Unternehmer, sondern die Allgemeinheit. Diese Kosten belaufen sich laut einer Studie aus dem Jahr 2001, durchgeführt von Professor Jules Pretty von der University of Essex, in Deutschland auf 1,7 Milliarden Euro, im Vereinigten Königreich auf 3,25 Milliarden Euro und in den USA auf 29,7 Milliarden Euro (die Umrechnung von US-Dollar auf Euro erfolgte zum Kurs vom September 2020). Berechnungen des FiBL haben für Österreich externe Kosten von 1,3 Milliarden Euro ergeben. Man kann – auch unter Berücksichtigung von Studien aus den Niederlanden und Dänemark – davon ausgehen, dass die landwirtschaftliche Produktion in den Industrieländern jährlich Umweltkosten in Höhe von ca. 300 Euro pro Hektar Landfläche verursacht, für die sie nicht aufkommt. Und das, obwohl Unterstützungsbeiträge in mindestens gleicher Höhe ausbezahlt werden. Man kann also sagen, dass die Landwirtschaft die Gesellschaft mindestens doppelt so teuer zu stehen kommt, wie es in den Berechnungen der Staaten ausgewiesen ist.

Die Tatsache, dass die Landwirtschaft Umweltkosten auf die Allgemeinheit abwälzen kann, behindert eine radikale Veränderung. Der Anreiz, umweltfreundlicher zu produzieren, ist so vielfach zu gering und die höheren Kosten von umweltfreundlich erzeugten Lebensmitteln müssen vorwiegend auf die Konsumentinnen und Konsumenten überwälzt werden. Umweltfreundliche Bürgerinnen und Bürger zahlen also dreifach: erstens mit Steuergeld für die Direktzahlungen an die Landwirtschaft, zweitens in Form der Umweltkosten, die früher oder später nicht mehr ignoriert werden können, und drittens wegen der deutlich höheren Preise für Bioprodukte oder andere nachhaltig erzeugte Lebensmittel. Es ist schwierig, die Umweltkosten der Landwirtschaft zu berechnen. Je nach Betriebstyp sind diese unterschiedlich hoch. So hat ein intensiver Gemüsebaubetrieb viel höhere Umweltkosten als ein eher extensiver Berglandwirtschaftsbetrieb. Es gibt auch viele Überlappungen zwischen biologischen und konventionellen Betrieben. Eine gerechte Umweltabgabe einzuheben, ist deshalb praktisch unmöglich. Zudem fehlen die gesetzlichen Grundlagen, und Steuern sind unpopulär. Auf Basis zahlreicher wissenschaftlicher Untersuchungen, die die Umweltbilanz von biologischen und konventionellen Betrieben oder Betriebsflächen betrachtet haben, kann man aber davon ausgehen, dass Biobetriebe einen um ca. ein Drittel kleineren ökologischen Fußabdruck haben. Im Sinne einer transparenten Umweltbuchhaltung könnte man also riesige Summen von Geld umweltwirksam umlenken. Für Deutschland wären das 567 Millionen Euro, für Österreich 430 Millionen und für das Vereinigte Königreich 1.080 Millionen.

Umweltfreundliche Landwirtinnen und Landwirte zu begünstigen und umweltbelastende zu benachteiligen, kann auf ganz einfache Art und Weise umgesetzt werden. Wir bräuchten nur die gesetzlichen Grundlagen für Umweltlenkungsabgaben. Damit könnten Pestizide, Herbizide, synthetische Stickstoffdünger, die knapper werdenden Phosphorhandelsdünger und die Energie verteuert werden. Die Abgaben hätten die Unternehmen zu leisten, die am Markt tätig sind. Sie wären gleich zu handhaben wie die Umsatzsteuer und würden nur einen geringen administrativen Mehraufwand bedeuten. Die Erträge aus solchen Lenkungsabgaben könnten verwendet werden, um die Geldmittel für Agrarumwelt- und Klimaschutzmaßnahmen auszubauen oder um höhere Zahlungen für ganzheitliche Maßnahmen wie die Förderung des Biolandbaus zu leisten. Durch Lenkungsabgaben würden alle Betriebe gleichbehandelt; auch Biobetriebe, falls sie zum Beispiel Kupfer- und Schwefelfungizide spritzen, hätten höhere Preise für diese Betriebsmittel zu zahlen. Von der Förderung hingegen würden ausschließlich umweltfreundliche Maßnahmen und Betriebe profitieren. Wenn diese Lenkungsabgaben einmal in der Gesetzgebung und im Vollzug verankert sind, könnten die konkreten Beträge individuell angepasst werden, je nachdem, wie stark man lenken möchte. Schweden, Dänemark,

Norwegen und Frankreich haben bereits Erfahrungen mit einer Lenkungsabgabe auf Pestizide. Die Hebelwirkung solcher Maßnahmen wird heute immer noch unterschätzt. So hat eine Studie des Schweizer Forschungsinstituts Agroscope aus dem Jahr 2020 gezeigt, dass eine Senkung der Preise für Lebensmittel aus biologischer oder artgerechter Produktion um zehn Prozent zu einer Steigerung des Absatzes bei diesen Lebensmitteln um ein Drittel führt.

6
Mit den Konsumentenverbänden zusammenarbeiten und deren Macht besser bündeln

Wie schon erwähnt, ist es falsch, die Verantwortung für eine so wichtige Sache wie die Transformation der Landwirtschaft und der Ernährung jeder einzelnen Konsumentin und jedem einzelnen Konsumenten zu überlassen. Dennoch gilt, dass die Macht der Konsumierenden, und das sind wir alle, groß ist. Doch diese Macht wird nicht ausreichend ausgeübt. Leider sind Konsumierende kein gut organisiertes Netzwerk und sie haben individuell widersprüchliche Prioritäten.

In Umfragen, die häufig in Europa, aber auch auf allen anderen Kontinenten durchgeführt werden, sind deutlich über 50 Prozent der erreichbaren Menschen für eine ökologisch aufgewertete Landwirtschaft und gegen Umweltzerstörung. Sie möchten, dass die Nutztiere ihre artgemäßen Triebe ausleben können, und sie bevorzugen nach biologischen Richtlinien erzeugte Lebensmittel. Und trotzdem handeln sie als Konsumierende nicht nach diesen Präferenzen. Es gibt viele wissenschaftliche Erklärungen dafür. Sind es Informationslücken bezüglich des Themas und der Zusammenhänge? Ist es eine Frage der persönlichen Prioritäten, wie Menschen ihr Haushaltsbudget verwenden? Ist es eine reine Preisfrage? Geht es gar um das Belohnungszentrum des menschlichen Gehirns, das auf die Ausschüttung der Hormone Dopamin und Serotonin anspricht und so das Konsum- und Essverhalten steuert? Reagieren die Glückshormone deshalb nicht auf ökologisch richtige Kaufentscheide? Oder nehmen Menschen Risiken, die noch in der Zukunft liegen, nicht ernst, während etwa die Corona-Pandemie viel unmittelbarer das Verhalten beeinflusst? In diesen Fragen liegt auch noch Potenzial für vertiefende Forschung.

Der Erfolg des Biolandbaus ist ein Beispiel dafür, was Konsumentinnen und Konsumenten bewirken können. Die Nachfrage nach biologischen Lebensmitteln hat – als Pull-Faktor – die Entwicklung von Anfang an, das heißt im deutschen Sprachraum seit den 1950er Jahren, anziehen lassen. Der Push-Faktor einer Unterstützung durch agrarpolitische Förder- und Begleitmaßnahmen setzte erst ein, als die Nachfrage nach biologischen Lebensmitteln längst unbeirrt wuchs. Es musste das Jahr 1981 ins Land ziehen, ehe die österreichische Codexkommission eine Unterkommission „BIO" einsetzte und durch hoheitliche Maßnahmen den Standard für die Erzeugung biologischer Lebensmittel definierte. Erst zehn Jahre später schuf die Europäische Kommission einen Standard für alle Mitgliedstaaten, der die Bäuerinnen und Bauern vor unlauterer Konkurrenz und die Konsumentinnen und Konsumenten vor betrügerischen Täuschungen schützt. Die Universität Kassel-Witzenhausen schuf – ebenfalls erst 1981 – in Deutschland den ersten Lehrstuhl für Ökolandbau und etablierte so Lehre und Forschung an den Universitäten. Das erste Land, das Biobetriebe mit Direktzahlungen unterstützte, war 1993 die Schweiz. Die staatliche Beratung startete in allen deutschsprachigen Ländern Anfang der 1990er Jahre. 1990 erhielt das Forschungsinstitut für biologischen Landbau FiBL erstmals eine Grundfinanzierung durch den Bund, die 1993 in einen dauerhaften Finanzierungsvertrag mündete. Der Einstieg der Europäischen Kommission in die Erforschung des Biolandbaus erfolgte ebenfalls erst 1993 mit der Beauftragung eines Weißbuches über den Forschungsbedarf im Biolandbau. Der Staat wurde immer erst aktiv, als die Nachfrage der Konsumierenden schon deutlich sichtbar war. Ohne ständig wachsende Nachfrage hätten Politik und Verwaltung vielleicht nie gehandelt.

Viele Staaten fördern die Vermarktung von Lebensmitteln. In den USA sind die staatlichen Beiträge zu Marketingkampagnen sehr groß, weil diese Art der staatlichen Intervention eine lange Tradition hat. Auch die EU finanziert Werbekampagnen mit hohen Beiträgen, ebenso die Schweiz. All diese Werbemaßnahmen müssen rasch neu ausgerichtet werden. Die Agrarökologie, der Biolandbau und die artgerechte Tierhaltung sollten dabei für die Entwicklung von Auswahlkriterien entscheidend sein. Der Effekt, den eine solche Neuausrichtung auf den Konsum hätte, wäre groß. Die Macht, die die Konsumentinnen und Konsumenten tatsächlich haben, müssen diese besser nutzen. Das muss auch Teil von Kommunikationskampagnen werden.

7

Eine soziale und ökologische Innovationskultur entwickeln und Technologie nicht fürchten

„Das menschliche Gehirn ist die einzige Ressource, die angenehmerweise reproduzierbar ist", hält Johan Norberg in seinem Buch *Progress: Ten Reasons to Look Forward to the Future* fest. Dieser Satz hat mich durch viele gute und schlechte Debatten um die Innovationskultur der Zukunft begleitet. Diese, seine wichtigste Ressource setzt der Mensch vielfältig ein: für soziale, ökologische und technologische Innovationen. Dahinter steckt keine Gewichtung, wie heute gerne polarisierend gemeint wird.

Jede Innovation ist willkommen und schließt die andere nicht aus. Gelingt es einer Landwirtin, zusammen mit anderen Landwirten in der Stadt – unter Einbeziehung interessierter Familien – eine Verkaufsstelle für ihre Produkte aufzubauen, dann brauchen diese Betriebe nicht in teure Maschinen zu investieren, um ihr Einkommen zu verbessern. Die städtischen Partnerfamilien kommen am Wochenende sogar vorbei, um Unkraut zu hacken, Gemüse zu rüsten und Erdbeeren zu ernten. Oder: Eine Gruppe von Biobäuerinnen und Biobauern pflanzt zum Beispiel die schwierig zu kultivierende Futterpflanze Esparsette an. Weil sie den Anbau gemeinsam perfektioniert haben, erfolgt dieser wirtschaftlich rentabel. Sie pressen das geerntete Heu und verkaufen es an biologische Milchschafbetriebe. Mit diesem Heu entwurmen die Betriebe ihre Tiere auf biologische Weise, wodurch die Milch keinerlei Rückstände chemischer Entwurmungsmittel aufweist. Diese Innovation greift auf altes Erfahrungswissen zurück und basiert auf der Nutzung der botanischen Vielfalt der Futterpflanzen. Es handelt sich also um eine sozial-ökologische Innovation. Bis vor Kurzem betrieb das FiBL eine Website für den Erfahrungsaustausch, und um Produzenten und Käufer von Esparsettenheu zusammenzubringen.

Auch technologische Innovationen gehören zur nachhaltigen Landwirtschaft. Seit 30 Jahren entwickelt sich das Forschungsgebiet der Bionik an verschiedenen Hochschulen weiter. Der Name Bionik ist ein Hybrid aus Biologie und Technik. Es handelt sich dabei um den Versuch, sich bei der Entwicklung von technischen Lösungen an der Natur zu orientieren und von der Natur zu lernen. Es ist ein spannendes Gebiet, auch wenn es nicht zum überbordenden Naturverständnis des Biolandbaus passt.

Die in der Bionik entwickelten Konzepte des Lernens von der Natur werden beschrieben als „Lernen von den Ergebnissen der Evolution". Ein Beispiel dafür ist, wie stark in der Natur Form und Funktion zusammenhängen. So kann eine Spinne dank der spezifischen Form ihrer Füße das 170-Fache ihres Körpergewichts auf glatten Oberflächen halten. Eine Lotuspflanze wiederum kann dank der Form ihrer Blätter und dank einer Wachsschicht auf dem Wasser liegen, ohne dass Pilzkrankheiten ihr etwas anhaben können. Das Wasser perlt sofort ab, sodass das Blatt immer trocken ist. Eine Eigenschaft, die bei Apfel- oder Rebenblättern fantastisch wäre und bei moderner Kleidung, etwa für Bergwanderungen, mittels Nanomaterialien nachgeahmt wird.

Die Bionik versucht, diese Mechanismen zu kopieren, zum Beispiel durch Anpassungen in den Nanostrukturen von Materialien oder auf molekularbiologischer Ebene. Hier distanzieren sich Biolandbau und Bionik deutlich voneinander. Die Bionik geht aber noch weiter, indem sie auch für industrielle Zwecke versucht, von den Evolutionsprozessen zu lernen und zu verstehen, warum die Evolution so erfolgreich gewesen ist. Gewisse Prozesse, zum Beispiel die in der Natur perfekt funktionierenden Kreisläufe und die stetige Anpassungsfähigkeit an sich ändernde Umweltbedingungen, sind Erfolgsprinzipien der Evolution und sollten für alle menschlichen Aktivitäten übernommen werden. Hier ist die Bionik wieder nahe beim Biolandbau.

Wir nehmen mit: Von der Raffinesse der Natur zu lernen und sie zu nutzen, ist ein fließender Übergang von Natürlichkeit zu Hightech. Wer nüchtern hinschaut, erkennt, dass die Grenzen in der Innovation stetig verschwimmen. Das kommt auch im Diskurs um neue Züchtungsmethoden zum Ausdruck. Mittels Genom-Editierung lösen Züchterinnen und Züchter punktgenau Veränderungen am Erbgut von Pflanzen aus, die auch durch eine natürliche Mutation entstehen könnten. Warum also sollten wir diese Technologie nicht nutzen? Nehmen wir als Beispiel die Resistenz gegen den Echten Mehltau beim Weizen, eine Krankheit, die zu erheblichen Ertragsausfällen führt. Forschern gelang es, im Genom des Weizens jene Gene auszuschalten, die Türöffner für die Infektion durch den Krankheitspilz sind – und zwar gleichzeitig auf allen Kopien im Genom; Weizen ist nämlich im Verlauf von vielen Jahrhunderten züchterischer Tätigkeit hexaploid geworden und hat damit sechs Chromosomensätze. Durch normale Kreuzungszüchtung ist eine solche Veränderung nicht möglich, weshalb einmal mehltauresistent gemachte Sorten später wieder anfällig werden.

Auch Gene der wilden Verwandten moderner Sorten können mit der gleichen Technik eingefügt werden. Im Falle des Apfels etwa gingen durch jahrhundertelange Züchtungsprozesse interessante Eigenschaften wie die Resistenz gegen Apfelschorf verloren. Die entsprechenden Gene findet man noch beim Japanischen Wild- oder Holzapfel *(Malus floribunda)* oder beim Asiatischen Wildapfel *(Malus sieversii)*. Die meisten schorfresistenten Sorten, die nicht gegen Schorf mit Fungiziden gespritzt werden müssen und deshalb im Biolandbau eine breite Verwendung gefunden haben, enthalten das Floribunda-Gen. Erstmals wurde im Jahr 1926 ein *Malus floribunda 821* (die Zahl gibt Auskunft über die ausgewählte Wildapfellinie) mit der Sorte *Rome Beauty* gekreuzt, von Professor C. S. Crandall an der University of Illinois. Eine weitere Kreuzung zweier Nachkommen bildete die Grundlage für die mindestens hundert schorfresistenten Sorten, die in Deutschland, Tschechien, Polen, der Schweiz und Frankreich gezüchtet wurden. Ihre Resistenz ist seit fast hundert Jahren stabil und eine sehr nützliche Sache.

Um das Ziel einer nachhaltigen Landwirtschaft und Ernährung zu erreichen, werden sämtliche Arten der Innovation notwendig sein. Davon bin ich nach 40 Jahren in der Entwicklung umweltfreundlicher Landwirtschaftssysteme überzeugt. Eine sachliche Diskussion darüber wird die Menschen diesem Ziel rasch näher bringen. Kürzlich nannte mich ein Twitterer den „fleischgewordenen Kompromiss". Das tönt langweilig und rockt nicht gerade. Und trotzdem bin ich stolz auf dieses Kompliment.

Wenn ich einen Wunsch frei hätte, dann wäre es der, dass die gesellschaftlichen Akteurinnen und Akteure endlich aufhören, wie Missionare über die richtige und falsche Innovation in der Landwirtschaft zu diskutieren. Es besteht nur ein großes und wichtiges **147** Ziel: Menschen auf nachhaltige Weise gesund zu ernähren.

Epilog

Kapitel 15

Mein Buch hat autobiografisch begonnen, in den 1950er Jahren in einer wertkonservativen dörflichen Schweiz. Diese kommt mir noch immer wie das Gegenstück zur globalisierten Welt von heute vor. Unsere Familie hatte zwar den abenteuerlustigen Onkel Walter, der in Japan, Indien und anderen Ländern unterwegs war. (Mein Großvater hatte im Wohnzimmer sogar eine Weltkarte, auf der er fein säuberlich mit farbigen Stecknadeln alle Orte markierte, von denen sein Sohn ihm eine Postkarte zuschickte.) Aber das entsprach nicht der Lebenswelt von damals, und ich hätte auch nie gedacht, dass ich selbst beruflich einmal ähnlich abenteuerlustig werden könnte.

Als Heranwachsender begann ich zu realisieren, dass die Provinzialität der Schweiz ein Zerrbild war. Die Maschinenindustrie baute nicht nur Lokomotiven, die Züge voller Menschen und Waren das Gotthardmassiv hochzogen, sondern auch Waffen, die man in Kriegsgebiete exportierte. Auch die chemische Industrie produzierte für die ganze Welt – etwa das Insektizid DDT und die triazinhaltigen Herbizide, die dem industriellen Anbau von Mais in der ganzen Welt zum Durchbruch verhalfen. Die global tätige Lebensmittelindustrie verdrängte mit Milchpulver für Babys in Afrika das natürliche Stillen durch Millionen von Müttern. Und die Banken bunkerten steuerbefreit gigantische Vermögen von internationalen Potentaten. Der Wunsch mitzuhelfen, dass sich diese Unrechtsituationen verbesserten, prägte meine rebellische Jugend.

Doch die Globalisierung wurde fortgeschrieben und brachte viel Wohlstand, vor allem den ohnehin schon Privilegierten. Einer der Profiteure der Globalisierung, und das mag wie ein großer Widerspruch klingen, war auch die biologische Landwirtschaft. Seit den 1970er Jahren wirkten Exponenten des Forschungsinstituts für biologischen Landbau FiBL, unter ihnen insbesondere Otto Schmid, im damals noch jungen Zusammenschluss IFOAM (International Federation of Organic Agriculture Movements) an der Schaffung globaler Standards für die biologische Landwirtschaft mit. Das Ziel war es, eine missbräuchliche Verwendung des Begriffs „Bio" zu verhindern. Damit wurden – wie in diesem Buch beschrieben – aber gleichzeitig die Voraussetzungen dafür geschaffen, dass zertifizierte Rohstoffe und verarbeitete Produkte weltweit gehandelt werden konnten. Die Konsumentinnen und Konsumenten in Europa und

den USA, die gemeinsam mehr als 90 Prozent der weltweit hergestellten biologischen Lebensmittel konsumieren, haben mittlerweile
eine sagenhafte Auswahl.

Die Pandemie im Jahr 2020 wird einzelne Wertschöpfungsketten
wieder verkürzen und regionalisieren. Das hat man in Europa schon
beim Ausbruch der Pandemie gemerkt, als plötzlich viele Menschen
auf dem Bauernhof in der Nähe oder auf dem Wochenmarkt einkaufen gingen. Für einige Monate explodierte die Nachfrage nach
biologischen Lebensmitteln, obwohl nur ein Teil davon tatsächlich
in der Nähe produziert werden konnte. Zum Glück funktionierte
der Weltmarkt für biologische Produkte noch.

Zoonosen, das heißt von Wildtieren auf Menschen übersprin-
gende Infektionskrankheiten, sind zu einem großen Unsicherheitsfaktor für moderne Gesellschaften geworden. Die Fragmentierung
natürlicher Ökosysteme und Lebensräume von Wildtieren durch
Abholzen von Regenwäldern, Trockenlegung von Mooren und
Düngung von Savannenlandschaften – alles zum Zwecke der landwirtschaftlichen Produktion – beschleunigt also nicht nur die Erd-
erwärmung und den Artenverlust, sie reduziert auch den Wohlstand
der Menschen drastisch. Nur eine sehr produktive Landwirtschaft
kann verhindern, dass noch mehr natürliche Lebensräume zerstört
werden. Das bedarf einer Vielzahl von Ideen und gangbaren Wegen.
Zu viel Angst vor Technologien ist dabei wenig hilfreich.

Inhaltlich umspannt dieses Buch die Entwicklung vom Jäger und
Sammler bis hin zum digitalen Prosumer. Dabei ist vieles oberfläch-
lich und möglicherweise auch fehlerhaft geblieben. Historike-
rinnen und Historiker mögen mir meinen Drang, den Dingen auf
den Grund zu gehen, verzeihen.

In den Monaten der massiven pandemiebedingten Bewegungs-
einschränkungen arbeitete ich als Pensionär zu Hause. Trotz vieler
Aufgaben versorgte ich mich fast ausschließlich aus dem eigenen
Biogemüsegarten. Ernten, kochen, essen und Kaffee trinken dauerten meist eineinviertel Stunden. Auch als Profi ist es mir jedoch
nicht gelungen, Schnecken, Blattläuse, Thripse, Weiße Fliegen,
Kohlweißlinge, Engerlinge, Drehherzmücken oder Mehltau ganz
in den Griff zu bekommen. Beim Rüsten entstand so übermä-
ßig viel Abfall, den ich kompostierte. „Nicht gut", dachte ich mir.

Warum hatte ich es in 30 Jahren Forschung nicht geschafft, alle diese Probleme zu lösen? Was mir die Schädlinge aber übrig ließen, war köstlich und gesund und stärkte mein Immunsystem. Ich war gut gewappnet für neue Aufgaben. Aber die agrarökologische Forschung bleibt wichtig; sie wird in der Zukunft noch viele überraschende Lösungen bereitstellen.

Ausgewählte Literatur

Kapitel 1

Binswanger, Hans Christoph (1992): *Geld und Natur. Das wirtschaftliche Wachstum im Spannungsfeld zwischen Ökonomie und Ökologie.* Edition Weitbrecht, Stuttgart/Wien. ISBN 3-522-70450-9.

Binswanger, Hans Christoph (1978): *Eigentum und Eigentumspolitik. Ein Beitrag zur Totalrevision der Schweizerischen Bundesverfassung.* Schulthess Polygraphischer Verlag, Zürich. ISBN 3-7255-1879-3.

Fonseca, Maria Fernanda; Wilkinson, John; Egelyng, Henrik; Mascarenhas, Gilberto (2008): *The Institutionalization of Participatory Guarantee Systems (PGS) in Brazil: Organic and Fair Trade Initiatives.* Paper at: 2nd ISOFAR Scientific Conference „Cultivating the Future Based on Science" in Modena, Italy, June 18–20, 2008. https://orgprints.org/12356/

Huffman, Wallace E.; Just, Richard E. (1999): *Agricultural Research: Benefits and Beneficiaries of Alternative Funding Mechanisms.* In: *Review of Agricultural Economics* Vol. 21, Seiten 2–18.

Hurter, Markus (2007): *Zur Vertiefung der biologisch-dynamischen Landwirtschaft. Gedanken, Erfahrungen, Forschungsergebnisse. Eine Werkstattarbeit.* Verlag am Goetheanum, 372 Seiten. ISBN 978-3-7235-1305-7.

Pfau-Schellenberg, Gustav; Lienhard, Luc (2017, bibliophiler Nachdruck): *100 alte Apfel- und Birnensorten.* Haupt Verlag, 280 Seiten. ISBN 978-3-258-08013-0.

Kapitel 2

Albrecht, Stephan; Engel, Albert (Hrsg.) (2009): *Weltagrarbericht. Deutscher Synthesebericht. International Assessment of Agricultural Knowledge, Science and Technology for Development (IAASTD).* Hamburg University Press. https://hup.sub.uni-hamburg.de/volltexte/2009/94/pdf/HamburgUP_IAASTD_Synthesebericht.pdf

Asserate, Asfa-Wossen (2016): *Die neue Völkerwanderung.* Propyläen Verlag, Berlin. ISBN 978-3-549-07478-7.

Norberg, Johan (2016): *Progress: Ten Reasons to Look Forward to the Future.* Oneworld Publications, London. ISBN 978-1-78074-950-1.

Qaim, Matin (2020): *Role of New Plant Breeding Technologies for Food Security and Sustainable Agricultural Development.* In: *Applied Economic Perspectives and Policy* Vol. 42, Seiten 129–150. https://doi.org/10.1002/aepp.13044

UNCTAD/UNEP; Hine, Rachel; Pretty, Jules (2008): *Organic Agriculture and Food Security in Africa.* United Nations, New York. https://unctad.org/en/Docs/ditcted200715_en.pdf

Kapitel 3

Braudel, Fernand (1979, engl. Neuauflage): *Civilization and Capitalism, 15th–18th Century,* translated by Siân Reynolds, 3 volumes. ISBN 0-06-014845-4, ISBN 0-06-015091-2, ISBN 0-06-015317-2.

Fogel, Robert W. (2004): *The Escape from Hunger and Premature Death, 1700-2100: Europe, America, and the Third World.* Cambridge University Press, New York. 189 Seiten. ISBN 0-521-80878-2.

Malthus, Thomas R. (1798): *An Essay on the Principle of Population, as It Affects the Future Improvement of Society. With Remarks on the Speculations of Mr Godwin, M. Condorcet, and Other Writers.* J. Johnson, London.

Montgomery, David R. (2012): *Dirt. The Erosion of Civilizations.* University of California Press. ISBN 978-0-520-27290-3.

Pimentel, David; Hepperly, Paul; Hanson, James; Douds, David; Seidel, Rita (2005): *Environmental, Energetic, and Economic Comparisons of Organic and Conventional Farming Systems.* In: *BioScience Vol. 55 (7)*, Seiten 573–582.

Wikipedia (Stand März 2020): *History of Agriculture.*
https://en.wikipedia.org/wiki/History_of_agriculture

Kapitel 4

Committee on World Food Security, FAO (2020): *Impacts of COVID-19 on Food Security and Nutrition: Developing Effective Policy Responses to Address the Hunger and Malnutrition Pandemic.* http://www.fao.org/3/cb1000en/cb1000en.pdf

Devereux, Stephen (2000): *Famine in the Twentieth Century. IDS Working Paper 105.* https://opendocs.ids.ac.uk/opendocs/bitstream/handle/20.500.12413/3435/wp105.pdf

Niggli, Urs; Gerowitt, Bärbel; Brühl, Carsten; Liess, Matthias; Schulz, Ralf; Altenburger, Rolf; Bokelmann, Wolfgang; Büttner, Carmen; Hartenbach, Martin; Heß, Jürgen; Märländer, Bernward; Miedaner, Thomas; Nödler, Karsten; Petercord, Ralf; Reineke, Annette; Kröcher, Carolin von (2019): *Pflanzenschutz und Biodiversität in Agrarökosystemen. Stellungnahme des Wissenschaftlichen Beirats des Nationalen Aktionsplans zur nachhaltigen Anwendung von Pflanzenschutzmitteln beim Bundesministerium für Ernährung und Landwirtschaft.* Wissenschaftlicher Beirat zum Nationalen Aktionsplan zur nachhaltigen Anwendung von Pflanzenschutzmitteln NAP beim Bundesministerium für Ernährung und Landwirtschaft.

Wikipedia (Stand März 2020): *Ziele für nachhaltige Entwicklung/SDGs.*
https://de.wikipedia.org/wiki/Ziele_f%C3%BCr_nachhaltige_Entwicklung

Kapitel 5

Albrecht, Stephan; Engel, Albert (Hrsg.) (2009): *Weltagrarbericht. Deutscher Synthesebericht. International Assessment of Agricultural Knowledge, Science and Technology for Development (IAASTD).* Hamburg University Press. https://hup.sub.uni-hamburg.de/volltexte/2009/94/pdf/HamburgUP_IAASTD_Synthesebericht.pdf

Carson, Rachel (2019, fünfte Auflage auf Deutsch) *Der stumme Frühling.* Verlag C. H. Beck, München. ISBN 978-3-406-73753-4.

Dargie, Greta C.; Lewis, Simon L.; Lawson, Ian T.; et al. (2017): *Age, Extent and Carbon Storage of the Central Congo Basin Peatland Complex.* In: *Nature Vol. 542*, Seiten 86–90. https://doi.org/10.1038/nature21048

Hallmann, Caspar A.; Sorg, Martin; Jongejans, Eelke; Siepel, Henk; Hofland, Nick; Schwan, Heinz; Stenmans, Werner; Müller, Andreas; Sumser, Hubert; Hörren, Thomas (2017): *More Than 75 Percent Decline over 27 Years in Total Flying Insect Biomass in Protected Areas.* In: *PLoS One Vol. 12 (10)*, e0185809. https://doi.org/10.1371/journal.pone.0185809

Millennium Ecosystem Assessment MA (2005): *Ecosystems and Human Well-being: Synthesis.* Island Press, Washington, DC. https://www.millenniumassessment.org/en/index.html

Steffen, Will; Richardson, Katherine; Rockström, Johan; Cornell, Sarah E.; Fetzer, Ingo; Bennett, Elena M.; Biggs, Reinette; Carpenter, Stephen R.; de Vries, Wim; de Wit, Cynthia A.; Folke, Carl; Gerten, Dieter; Heinke, Jens; Mace, Georgina M.; Persson, Linn M.; Ramanathan, Veerabhadran; Reyers, Belinda; Sörlin, Sverker (2015): *Planetary Boundaries: Guiding Human Development on a Changing Planet.* In: *Science Vol. 347 (6223)*, article number: UNSP 1259855.

Kapitel 6

Bateson, Gregory (1972, 2000): *Steps to an Ecology of Mind: Collected Essays in Anthropology, Psychiatry, Evolution, and Epistemology.* University of Chicago Press, Chicago, Illinois. ISBN 0-226-03905-6.

Besson, Jean-Marc; Vogtmann, Hartmut (Hrsg.) (1978): *Towards a Sustainable Agriculture: IFOAM International Conference, Sissach (Switzerland).* Verlag Wirz, Aarau. ISBN 3-85983-017-1.

Feinberg, Richard (1988): *Margaret Mead and Samoa: Coming of Age in Fact and Fiction.* In: *American Anthropologist Vol. 90 (3).* DOI: 10.1525/aa.1988.90.3.02a00080.

Fukuoka, Masanobu (2009): *The One-Straw Revolution: An Introduction to Natural Farming.* New York Review Books. ISBN 978-1-59017-313-8.

Howard, Albert (1943, zweite Auflage auf Deutsch 1979): *Mein landwirtschaftliches Testament.* Edition Siebeneicher, München. ISBN 978-3-922201-01-4.

Masson, Pierre; Masson, Vincent (2015): *Landwirtschaft, Garten-und Weinbau biodynamisch.* AT Verlag, Aarau. ISBN 978-3-03800-712-8.

Mead, Margaret (1928): *Coming of Age in Samoa.* William Morrow Paperbacks. ISBN 978-0-688-05033-7.

Vogt, Gunter (2000): *Entstehung und Entwicklung des ökologischen Landbaus im deutschsprachigen Raum. Ökologische Konzepte 99.* Stiftung Ökologie und Landbau, Bad Dürkheim, 399 Seiten. ISBN 3-934499-21-X.

Willer, Helga; Lernoud, Julia (Hrsg.) (2020): *The World of Organic Agriculture. Statistics and Emerging Trends 2020.* Research Institute of Organic Agriculture (FiBL), Frick, and IFOAM – Organics International, Bonn. https://www.fibl.org/fileadmin/documents/shop/5011-organic-world-2020.pdf

Kapitel 7

EU-Kommission (2020): *Farm-to-Fork-Strategie.* https://ec.europa.eu/info/strategy/priorities-2019-2024/european-green-deal/actions-being-taken-eu/farm-fork_de

Haller, Lisa; Moakes, Simon; Niggli, Urs; Riedel, Judith; Stolze, Matthias; Thompson, Michael (2020): *Entwicklungsperspektiven der ökologischen Landwirtschaft in Deutschland. UBA Texte 32/2020.* Umweltbundesamt. https://www.umweltbundesamt.de/publikationen/entwicklungsperspektiven-der-oekologischen

Mäder, Paul; Fliessbach, Andreas; Dubois, David; Gunst, Lucie; Fried, Padruot M.; Niggli, Urs (2002): *Soil Fertility and Biodiversity in Organic Farming.* In: *Science Vol. 296 (5573),* Seiten 1694–1697.

Sanders, Jürn; Heß, Jürgen (Hrsg.) (2019): *Leistungen des ökologischen Landbaus für Umwelt und Gesellschaft.* Johann Heinrich von Thünen-Institut, Braunschweig.

Seufert, Verena; Ramankutty, Navin (2017): *Many Shades of Gray – The Context-Dependent Performance of Organic Agriculture.* In: *Science Advances Vol. 3 (3).* e1602638. DOI: 10.1126/sciadv.1602638

Kapitel 8

El-Hage Scialabba, Nadia (2014): *Mitigation of Food Wastage: Societal Costs and Benefits.* Food and Agriculture Organization of the United Nations. http://www.fao.org/3/a-i3989e.pdf

Müller, Adrian; Schader, Christian; Scialabba, Nadia El-Hage; Brüggemann, Judith; Isensee, Anne; Erb, Karl-Heinz; Smith, Pete; Klocke, Peter; Leiber, Florian; Stolze, Matthias; Niggli, Urs (2017): *Strategies for Feeding the World More Sustainably with Organic Agriculture.* In: Nature Communications Vol. 8 (1290).

Sachs, Wolfgang (2015): *Suffizienz. Umrisse einer Ökonomie des Genug.* In: *uwf UmweltWirtschaftsForum Jg. 23.* https://doi.org/10.1007/s00550-015-0350-y

Schader, Christian; Müller, Adrian; Scialabba, Nadia El-Hage; Hecht, Judith; Isensee, Anne; Erb, Karl-Heinz; Smith, Pete; Makkar, Harinder P. S.; Klocke, Peter; Leiber, Florian; Schwegler, Patrizia; Stolze, Matthias; Niggli, Urs (2015): *Impacts of Feeding Less Food-Competing Feeds uffs to Livestock on Global Food System Sustainability.* In: Journal *of the Royal Society Interface Vol. 12 (113).* https://doi.org/10.1098/rsif.2015.0891

Von Weizsäcker, Ernst Ulrich; Hargroves, Karlson; Smith, Michael (2010): *Faktor Fünf. Die Formel für nachhaltiges Wachstum.* Droemer Verlag, München. ISBN 978-3-426-27486-6.

Kapitel 9

Altieri, Miguel A (1995, zweite Auflage): *Agroecology: The Science of Sustainable Agriculture.* Westview Press. Boulder.

High Level Panel of Experts on Food Security and Nutrition (HLPE) (2019): *Agroecological and Other Innovative Approaches for Sustainable Agriculture and Food Systems That Enhance Food Security and Nutrition. A Report by the High Level Panel of Experts on Food Security and Nutrition of the Committee on World Food Security.* Rome.

Levidow, Les; Papaioannou, Theo (2017): *Which Inclusive Innovation? Competing Normative Assumptions around Social Justice.* In: Innovation and Development Vol. 8 (2). DOI: 10.1080/2157930X.2017.1351605.

Moser, Peter; Bieri, Hans; Steppacher, Rolf (1999): *Die Landwirtschaft als Chance einer zukunftsfähigen Schweiz oder Dauerproblem auf dem Weg zur vollständigen Industrialisierung der Ernährung?* SVIL-Schrift, Ausgabe 135. Schweizerische Vereinigung Industrie und Landwirtschaft, Zürich.

Ridley, Matt (2020): *How Innovation Works. And Why It Flourishes in Freedom.* Harper. ISBN 978-0-00-833481-9.

Zapf, Wolfgang (1994): *Modernisierung, Wohlfahrtsentwicklung und Transformation: soziologische Aufsätze 1987 bis 1994.* Edition Sigma, Berlin. ISBN 3-89404-143-9.

Kapitel 10

Corner, Adam; Parkhill, Karen; Pidgeon, Nick; Vaughan, Naomi E. (2013): *Messing with Nature? Exploring Public Perceptions of Geoengineering in the UK.* In: Global Environmental Change Vol. 23. Elsevier. https://dx.doi.org/10.1016/j.glcenvcha.2013.06.002

Haller, Lisa; Moakes, Simon; Niggli, Urs; Riedel, Judith; Stolze, Matthias; Thompson, Michael (2020): *Entwicklungsperspektiven der ökologischen Landwirtschaft in Deutschland. UBA Texte 32/2020.* Umweltbundesamt. https://www.umweltbundesamt.de/publikationen/entwicklungsperspektiven-der-oekologischen

Machado, Antonio (2003): *An Index of Naturalness.* In: Journal of Nature Conservation. Elsevier. DOI: 10.1016/j.jnc.2003.12.002

Kapitel 12

Bätzing, Werner (2015): *Die Alpen – Geschichte und Zukunft einer europäischen Kulturlandschaft.* Verlag C. H. Beck, München. ISBN 978-3-406-67339-9.

Despommier, Dickson (2009): *The Rise of Vertical Farms.* In: *Scientific American Vol. 301. New York. ISSN 0036-8733.*

Hubert, Yohan (2016): *Urban Gardening. Gemüse anbauen ohne Garten.* Ulmer Verlag. ISBN 978-3-8001-1267-8.

Mougeot, Luc J. A., Munro-Faure, Paul (2007): *The Urban Producer's Resource Book. A Practical Guide for Working with Low Income Urban and Peri-Urban Producers Organizations.* FAO, Rome. http://www.fao.org/3/a1177e/a1177e.pdf

Rieter, Heinz (Hrsg.) (1995): *Johann Heinrich von Thünen als Wirtschaftstheoretiker. Studien zur Entwicklung der ökonomischen Theorie XIV. Schriften des Vereins für Socialpolitik.* Gesellschaft für Wirtschafts- und Sozialwissenschaften. Duncker & Humblot, Berlin. ISBN 978-3-428-08458-6.

Steel, Carolyn (2008): *Hungry City: How Food Shapes Our Lives.* Random House UK. ISBN 0-701-18037-4.

Toffler, Alvin (1980, 1983): *Die dritte Welle, Zukunftschance. Perspektiven für die Gesellschaft des 21. Jahrhunderts.* Goldmann, München. ISBN 3-442-11350-4.

Kapitel 13

Barański, Marcin; Średnicka-Tober, Dominika; Volakakis, Nikolaos; Seal, Chris; Sanderson, Roy; Stewart, Gavin B.; Benbrook, Charles; Biavati, Bruno; Markellou, Emilia; Giotis, Charilaos; Gromadzka-Ostrowska, Joanna; Rembiałkowska, Ewa; Skwarło-Sońta, Krystyna; Tahvonen, Raija; Janovská, Dagmar; Niggli, Urs ; Nicot, Philippe; Leifert, Carlo (2014): *Higher Antioxidant and Lower Cadmium Concentrations and Lower Incidence of Pesticide Residues in Organically Grown Crops: A Systematic Literature Review and Meta-Analyses.* In: *British Journal of Nutrition,* online, Seiten 1–18.

Berghofer, Emmerich; Schönlechner, Regine; Schmidt, Julia (2016): *Neue und neuartige Rohstoffe und Lebensmittel.* Bundesministerium für Gesundheit. https://www.sozialministerium.at/dam/jcr:66c39c11-22a9-4984-a0a1-30e8d245f969/lebensmittel_verfahren_teil3.pdf

Van Huis, Arnold; Van Itterbeeck, Joost; Klunder, Harmke; Mertens, Esther; Halloran, Afton; Muir, Giulia; Vantomme, Paul (2013): *Edible Insects: Future Prospects for Food and Feed Security.* FAO, Rome. https://www.researchgate.net/publication/311424459_Edible_insects_Future_prospects_for_food_and_feed_security_Food_and_Agriculture_Organiation_of_the_United_Nations_FAO_Rome_Italy

Lampert, Werner (2019): *Die Kuh. Eine Hommage.* TeNeues Media. ISBN 978-3-96171-178-9.

Średnicka-Tober, Dominika; Barański, Marcin; Seal, Chris; Sanderson, Roy; Benbrook, Charles; Steinshamn, Håvard; Gromadzka-Ostrowska, Joanna; Rembiałkowska, Ewa; Skwarło-Sońta, Krystyna; Eyre, Mick; Cozzi, Giulio; Larsen, Mette Krogh; Jordon, Teresa; Niggli, Urs; Sakowski, Tomasz; Calder, Philip C.; Burdge, Graham C.; Sotiraki, Smaragda; Stefanakis, Alexandros; Yolcu, Halil; Stergiadis, Sokratis; Chatzidimitriou, Eleni; Butler, Gillian; Stewart, Gavin; Leifert Carlo (2016 a): *Composition Differences between Organic and Conventional Meat: A Systematic Literature Review and Meta-Analysis.* In: *British Journal of Nutrition.* DOI: 10.1017/S0007114515005073.

Średnicka-Tober, Dominika; Barański, Marcin; Seal, Chris; Sanderson, Roy; Benbrook, Charles; Steinshamn, Håvard; Gromadzka-Ostrowska, Joanna; Rembiałkowska, Ewa; Skwarło-Sońta, Krystyna; Eyre, Mick; Cozzi, Giulio; Larsen, Mette Krogh; Jordon, Teresa; Niggli, Urs; Sakowski, Tomasz; Calder, Philip C.; Burdge, Graham C.; Sotiraki, Smaragda; Stefanakis, Alexandros; Yolcu, Halil; Stergiadis, Sokratis; Chatzidimitriou, Eleni; Butler, Gillian; Stewart, Gavin; Leifert Carlo (2016 b): *Higher PUFA and n-3 PUFA, CLA, alpha-Tocopherol and Iron, But Lower Iodine and Selenium Concentrations in Organic Milk: A Systematic Literature Review and Meta- and Redundancy Analyses.* In: *British Journal of Nutrition.* DOI: 10.1017/S0007114516000349.

Suddendorf, Thomas (2014): *Der Unterschied. Was den Mensch zum Menschen macht.* Berlin Verlag.

Kapitel 14

Gubler, Lena; Ismail, Sascha A.; Seidl, Irmi (2020): *Biodiversitätsschädigende Subventionen in der Schweiz. Grundlagenbericht. WSL Berichte, Heft 96.* https://www.wsl.ch/de/projekte/biodiversitaetsrelevante-fehlanreize.html

Leclère, David; Obersteiner, Michael; Barrett, Mike; Butchart, Stuart H. M.; Chaudhary, Abhishek; De Palma, Adriana; DeClerck. Fabrice A. J.; Di Marco, Moreno; et al. (2020): *Bending the Curve of Terrestrial Biodiversity Needs an Integrated Strategy.* In: *Nature Vol. 585.* Seiten 551–556. DOI: 10.1038/s41586-020-2705-y.

Schenker, Urs; Abeywardana, Ravi; Bosch, Henk; DeClerck, Fabrice; Eliaz, Shay; Ernstoff, Alexi; Grady, Emily; Stormyr, Bernhard (2018): *True Cost of Food: Unpacking the Value of the Food System. World Business Council for Sustainable Development.* https://docs.wbcsd.org/2018/10/FReSH_True_Cost_Discussion_Paper.pdf

Von Gleich, Arnim; Pade, Christian; Petschow, Ulrich; Pissarskoi, Eugen (2007): *Bionik. Aktuelle Trends und zukünftige Potenziale.* ISBN 978-3-932092-86-2. https://www.ioew.de/uploads/tx_ukioewdb/Bionik_Aktuelle_Trends_und_zuk%C3%BCnftige_Potenziale.pdf

Martin Grassberger
DAS LEISE STERBEN

Warum wir eine landwirtschaftliche Revolution brauchen, um eine gesunde Zukunft zu haben

ISBN 9 783 7017 3 4795

Während die Weltbevölkerung rasant auf die 8. Milliarde zusteuert und immer mehr Menschen am Wohlstand teilhaben wollen, breiten sich stetig chronische Krankheiten in allen Altersgruppen und Gesellschaftsschichten aus. Warnungen vor unmittelbaren Bedrohungen wie Umweltverschmutzung, Bodenverarmung und Abnahme der Biodiversität verhallen weitgehend ungehört. Der Humanbiologe und Arzt Martin Grassberger zeigt auf, dass ein unmittelbarer Zusammenhang zwischen der rücksichtslosen Zerstörung der Natur und den leisen Epidemien chronischer Krankheiten besteht. Die Einsichten sind ernüchternd. Grassberger zeigt jedoch mögliche Auswege aus der gegenwärtigen globalen Gesundheits- und Umweltkrise auf. Das Buch der Stunde!